令和5年度（後期）2級管工事施工管理技術検定　第一次検定問題の分析

第一次検定はマークシート形式で、52問出題。そのうち40問解答する試験で、1～6問は全問、7～23問は9問選択、24～28問は全問、29～38問は8問選択、39～48問は8問選択、49～52問は全問を解答するパターンでした。

問題番号	出題テーマ	問題番号	出題テーマ
1	湿り空気	27	ダクトの断面の拡大と縮小　等
2	空気環境	28	設計図書に記載する項目
3	流体に関する事項	29	質問回答書の優先順位　等
4	伝熱に関する事項	30	ネットワーク工程表
5	電気設備における文字記号と名称	31	品質管理
6	コンクリート工事	32	通勤災害、移動式クレーン　等
7	空気調和設備	33	受水タンク上部と天井の距離　等
8	システム図と湿り空気線図上の変化	34	配管用炭素鋼鋼[illegible]　等
9	熱負荷	35	[illegible]接合　等
10	空気清浄装置	[illegible]	[illegible]
11	コールドドラフトの防止	[illegible]	[illegible]
12	空冷ヒートポンプパッケージ形空気調和[illegible]	[illegible]	[illegible]
13	換気の対象となる室と主な要因	[illegible]	作業所における安全衛生管理
14	換気に関する事項	40	労働者に支払う賃金
15	上水道（取付口の位置、継手　等）	41	建築物の用語
16	下水道（分流式、取付管の接続　等）	42	建築物に設ける配管設備
17	給水設備（オーバーフロー取り出し　等）	43	主任技術者の要件
18	給湯設備（密閉式膨張タンク　等）	44	標識の記載事項
19	通気管の最小管径　等	45	屋内消火栓設備
20	ループ通気管　等	46	業務用冷凍空調機器
21	屋内消火栓設備の加圧送水装置	47	建築物省エネ法
22	ガスの比重の大小　等	48	廃棄物の処理及び清掃に関する法律
23	屎尿浄化槽処理対象人員算定基準	49	各種工程表の特徴
24	給水タンクのオーバーフロー管　等	50	機器の据付け
25	ポリエチレンフォーム保温材　等	51	配管の施工
26	Y形ストレーナーの引抜　等	52	ダクト・ダクト附属品の施工

本書の特長と使い方

●令和6年1月1日現在の法改正等に準拠

本書は、令和6年に実施される予定の「2級管工事施工管理技術検定」に向けて編集された過去問題集です。過去に出題された問題も、本書編集基準日である令和6年1月1日現在の法改正の内容を盛り込んで解説しています。

本書では、以下の記号を用いています。

〈記号〉

★：法改正等により、選択肢の内容の正誤が変わり正答となる肢がなくなる等、問題として成立しない問題です。問題編、解説編ともに、問題番号に（★）をつけ、解説は、出題当時の正答と、改正後の法律に基づいた考え方の両方がわかるようになっています。

☆：関連する事項に法改正等のあった問題です。問題編では、法改正等によって問題文が変更される部分に下線をひき、問題文（選択肢）の末尾に（☆）をつけました。また、正答・解説編では、法改正等によって変更された部分に下線をひき、変更となった後の表記について記しました。

●過去問題を本試験のように挑戦しよう

本書は、公表されている第一次検定試験問題を、令和3年度前期から最新の令和5年度後期までの6回分を掲載しています。第二次検定試験問題は、令和3年度から令和5年度までの3回分を掲載しています。

また、本書の正答・解説編は取り外し可能で2 色構成となっています。**正答やキーワードを付属の赤シートで隠しながら、効率よく学習**することができます。

本書では、**第一次検定用のマークシート式の解答用紙を別冊p.178～179に、第二次検定用の解答用紙を別冊p.180～191につけました**ので、コピーして使用してください。

CONTENTS

検定ガイダンス

注意）P.4 の情報は、原則として令和６年１月15日現在の情報に基づいています。変更される場合がありますので、受検する場合には、事前に必ずご自身で試験実施機関の発表する最新情報を確認してください。

■試験日：

・第一次検定（前期）　令和６年６月２日
・第一次検定・第二次検定（同日試験）／第一次検定（後期）／第二次検定　令和６年11月17日

■合格発表日：

・第一次検定（前期）　令和６年７月２日
・第一次検定・第二次検定（同日試験）の内、第一次検定／第一次検定（後期）　令和７年１月６日
・第一次検定・第二次検定（同日試験）の内、第二次検定／第二次検定　令和７年３月５日

■受検手数料

第一次検定・第二次検定（同日試験）　10,500 円
第一次検定　5,250 円　／　第二次検定　5,250 円

■試験内容

●第一次検定【マークシート方式】
機械工学等（知識）・施工管理法（知識・能力）・法規（知識）の３科目。施工管理法（能力）は、施工の管理を適確に行うために必要な基礎的な能力が問われます。

●第二次検定【記述式】
施工管理法（知識・能力）からの出題。施工管理法（知識）は主任技術者として管工事の施工の管理を適確に行うために必要な知識が問われ、施工管理法（能力）は、主任技術者として設計図書で要求される設備の性能を確保するために設計図書を正確に理解し、設備の施工図を適正に作成し、及び必要な機材の選定、配置等を適切に行うことができる応用能力が問われます。

試験に関する問い合わせ先

一般財団法人　全国建設研修センター　試験業務局管工事試験部管工事試験課
〒 187 − 8540　東京都小平市喜平町 2-1-2　（TEL）042（300）6855
（HP アドレス）https://www.jctc.jp/exam/kankouji-2

出題傾向分析表

試験攻略のためには、出題傾向を知ることが大切です。ここでは過去6回の第一次検定試験に出題された項目・出題頻度がひとめでわかるように、表にまとめました。出題頻度の高い◎印・○印の項目を中心に学習をするとよいでしょう。

■原論

出題頻度　◎非常に高い　○高い

	環境工学	R5後	R5前	R4後	R4前	R3後	R3前
室内の空気環境							
◎	CO（一酸化炭素）、CO_2（二酸化炭素）	☆		☆			☆
○	浮遊粉じん	☆		☆			
◎	VOCs（揮発性有機化合物）、ホルムアルデヒド	☆		☆			☆
	石綿（アスベスト）						☆
湿り空気							
◎	飽和湿り空気	☆			☆	☆	
◎	乾球温度、湿球温度	☆			☆	☆	
◎	相対湿度、絶対湿度	☆			☆	☆	
水と環境							
◎	水の性質（体積、容積、密度、比熱）		☆	☆		☆	
◎	硬水、軟水			☆	☆	☆	
○	空気の水に対する溶解度		☆			☆	
	濁度、色度				☆		
	BOD（生物化学的酸素要求量）			☆			
	COD（化学的酸素要求量）				☆		
	DO（溶存酸素）				☆		
	pH（水素イオン濃度）			☆			
○	SS（浮遊物質量）		☆		☆		

	流体工学	R5後	R5前	R4後	R4前	R3後	R3前
◎	水、空気の粘性係数	☆	☆		☆	☆	☆
	毛管現象			☆			

◎	レイノルズ数	☆				☆	☆
○	管路の圧力損失、ダルシー・ワイスバッハの式		☆	☆			
	ウォーターハンマー					☆	
	ゲージ圧			☆			

熱工学		R5後	R5前	R4後	R4前	R3後	R3前
	熱容量			☆			
○	比熱				☆	☆	
◎	潜熱、顕熱		☆	☆	☆	☆	
◎	熱移動、熱力学の第 1 法則・第 2 法則	☆		☆	☆	☆	
◎	熱伝導、熱伝導率	☆	☆				☆
	熱放射			☆			
	気体の温度と圧力、ボイル・シャルルの法則					☆	

■電気工学

電気設備		R5後	R5前	R4後	R4前	R3後	R3前
○	電気設備の文字記号と名称	☆		☆			
○	3E リレー（保護継電器）		☆		☆		
○	全電圧始動（直入始動）		☆		☆		
	漏電遮断器					☆	
○	配線用遮断器			☆		☆	
	接地工事					☆	
	サーマルリレー					☆	

■建築工学

コンクリート工事		R5後	R5前	R4後	R4前	R3後	R3前
	水セメント比	☆					
	圧縮強度	☆					
	打込み時の注意（横移動）	☆					
	締固め				☆		
	打継ぎ	☆					
	湿潤養生				☆		

鉄筋コンクリート		R5後	R5前	R4後	R4前	R3後	R3前
○	剛性			☆		☆	
○	付着力（異形棒鋼、丸鋼）			☆		☆	
○	アルカリ性			☆		☆	
	腐食の原因（ジャンカ、コールドジョイント）						☆
○	線膨張係数			☆		☆	
	引張り強度						☆
○	補強筋（あばら筋、帯筋）		☆				☆
	鉄筋のかぶり厚さ						☆
	鉄筋の継手		☆				

■空調

空気調和		R5後	R5前	R4後	R4前	R3後	R3前
空気調和設備							
○	定風量単一ダクト方式		☆		☆		
	変風量単一ダクト方式					☆	
	ファンコイルユニット・ダクト併用方式			☆			
	パッケージ形空気調和機方式			☆			
	冷却減湿・再熱方式						☆
○	全熱交換器	☆					☆
	成績係数						☆
空気線図							
○	湿り空気線図と空気調和システム図（暖房時の変化）	☆		☆			
	湿り空気線図と空気調和システム図（冷房時の変化）					☆	
○	湿り空気線図（暖房時又は冷房時）		☆				☆
	結露温度、乾球温度、相対湿度				☆		
熱負荷							
◎	冷房負荷計算、暖房負荷計算		☆	☆	☆	☆	☆
◎	熱通過率			☆		☆	☆
○	顕熱比（SHF）	☆			☆		
◎	日射負荷	☆	☆		☆		☆
○	窓ガラス面からの熱負荷		☆	☆			

	室内負荷					☆	
	照明器具による熱負荷			☆			
○	外気負荷	☆			☆		
空気清浄装置							
◎	空気清浄装置の形式（化学吸着式、静電式、ろ過式）	☆	☆		☆	☆	☆
○	自動巻取形			☆			☆
○	自動更新方式				☆	☆	
◎	HEPA フィルター			☆	☆	☆	
○	活性炭フィルター			☆	☆		
	電気集じん器			☆			
◎	ろ材の特性		☆			☆	☆

冷暖房		R5後	R5前	R4後	R4前	R3後	R3前
○	蒸気暖房		☆				☆
○	温水暖房		☆				☆
	開放式膨張タンク、密閉式膨張タンク					☆	
	放射冷暖房方式			☆			
○	暖房用自然対流・放射型放熱器	☆					☆
	暖房用強制対流形放熱器						☆
○	コールドドラフト	☆			☆		
◎	パッケージ形空気調和機	☆		☆		☆	
	吸収冷凍機				☆		
○	吸収冷温水機		☆				☆
	ルームエアコン						

換気		R5後	R5前	R4後	R4前	R3後	R3前
○	必要換気量	☆				☆	
	居室の換気、居室の室内環境基準			☆			
◎	自然換気（風力換気、温度差換気）	☆		☆		☆	
◎	第一種機械換気方式			☆	☆		☆
○	第二種機械換気方式			☆	☆		
◎	第三種機械換気方式		☆	☆		☆	

○	誘引誘導換気方式			☆			☆
○	局所換気	☆		☆			
○	排気フード、排風機		☆				☆
	エアカーテン				☆		
○	給気口、給気口の寸法			☆	☆		
	営業用厨房の換気			☆			
○	汚染源の異なる換気		☆		☆		
	汚染度の高い室の換気						☆
○	換気の対象となる室とその要因	☆	☆				

■衛生

上下水道		R5後	R5前	R4後	R4前	R3後	R3前
上水道							
○	取水施設			☆		☆	
	導水施設					☆	
	浄水施設					☆	
○	送水施設			☆		☆	
	配水施設					☆	
◎	給水装置	☆			☆		☆
	結合残留塩素、遊離残留塩素			☆			
○	簡易専用水道		☆		☆		
	緩速ろ過方式				☆		
下水道							
○	管きょ		☆				☆
◎	排水方式（合流式、分流式）	☆				☆	☆
	管きょの接合方法（水面接合、管頂接合、管中心接合、管底接合）					☆	
	段差接合での副管の使用			☆			
◎	取付管	☆	☆	☆		☆	
	暗きょ構造			☆			
	排水管の土被り				☆		
	排除基準、除害施設				☆		

給水・給湯		R5後	R5前	R4後	R4前	R3後	R3前
給水設備							
○	水道直結方式（直結直圧給水方式、直結増圧給水方式）				☆	☆	
○	高置タンク方式				☆		☆
○	クロスコネクション	☆		☆			
◎	オーバーフロー管	☆				☆	☆
	吐水口空間の確保、逆サイホン作用				☆		
◎	飲料用給水タンク		☆			☆	☆
給湯設備							
○	局所式給湯（瞬間式給湯、貯湯式給湯）	☆					☆
	中央式給湯						☆
◎	先止め式ガス瞬間湯沸器		☆		☆	☆	
○	ヒートポンプ給湯機		☆		☆		
	用途別給湯温度			☆			
◎	給湯管、給湯配管		☆		☆		☆
	逃し管			☆			

排水・通気		R5後	R5前	R4後	R4前	R3後	R3前
排水・通気設備							
◎	通気管	☆	☆			☆	☆
○	通気立て管		☆				☆
○	器具排水負荷単位法、排水負荷単位数				☆		☆
◎	排水横枝管	☆	☆				☆
◎	トラップ	☆	☆	☆	☆	☆	
○	非サイホン式トラップ（管トラップ）（S トラップ、P トラップ、U トラップ）			☆	☆		
○	非サイホン式トラップ（わんトラップ、ドラムトラップ、ボトルトラップ）			☆	☆		
○	トラップの最小口径			☆		☆	
○	トラップの封水の損失			☆	☆		
◎	自己サイホン作用		☆	☆	☆	☆	

○	排水管の管径	☆			☆		
◎	排水通気方式の種類（各個通気方式、ループ通気方式、伸頂通気方式）		☆	☆		☆	
	各個通気管			☆			
◎	ループ通気管	☆	☆				☆
◎	伸頂通気管	☆	☆		☆		☆

消火設備		R5後	R5前	R4後	R4前	R3後	R3前
屋内消火栓設備							
○	1 号消火栓の設置基準		☆		☆		
○	2 号消火栓の設置基準		☆		☆		
◎	加圧送水装置	☆	☆	☆	☆		
○	屋内消火栓の開閉弁		☆		☆		
○	屋内消火栓ポンプ					☆	☆

ガス設備		R5後	R5前	R4後	R4前	R3後	R3前
○	都市ガス				☆	☆	
◎	液化石油ガス（LPG）	☆	☆	☆	☆	☆	☆
◎	液化天然ガス（LNG）	☆				☆	☆
	高圧供給方式、中圧供給方式、低圧供給方式				☆		
	一般家庭用のガス容器				☆		
	密閉式ガス湯沸器			☆			
○	マイコンメーター		☆				☆
	ガス漏れ警報器			☆			

浄化槽		R5後	R5前	R4後	R4前	R3後	R3前
	屎尿浄化槽の処理対象人員算定基準	☆					
○	分離接触ばっ気方式			☆		☆	
	嫌気性処理法				☆		
	小規模合併浄化槽				☆		
	高度処理型合併処理浄化槽				☆		
○	FRP 製浄化槽		☆				☆
	油脂分離槽、油脂分離装置				☆		

	一次処理				☆		

■設備に関する知識

機材		R5後	R5前	R4後	R4前	R3後	R3前
空気調和機							
○	ユニット形空気調和機			☆		☆	
◎	パッケージ形空気調和機		☆	☆	☆	☆	
給湯設備							
	密閉式ガス湯沸器						☆
	真空式温水発生機						☆
	小型貫流ボイラー						☆
	空気熱源ヒートポンプ給湯器						☆
飲料用給水タンク							
○	FRP 製タンク	☆			☆		
○	鋼板製タンク	☆			☆		
	通気口				☆		
送風機及びポンプ							
	遠心送風機					☆	
○	軸流送風機			☆			☆
	斜流送風機					☆	
◎	遠心ポンプ		☆	☆			☆
◎	水中モーターポンプ		☆		☆	☆	

配管・ダクト		R5後	R5前	R4後	R4前	R3後	R3前
配管材料及び配管附属品							
○	配管用炭素鋼鋼管		☆			☆	
	水道用硬質塩化ビニルライニング鋼管		☆				
○	硬質ポリ塩化ビニル管（UV 管、VP 管）	☆		☆			
	排水用リサイクル硬質ポリ塩化ビニル管（REP-VU）						☆
	架橋ポリエチレン管					☆	
○	仕切弁	☆		☆			
○	逆止め弁（スイング式、リフト式）			☆		☆	

◎	ストレーナー	☆	☆		☆		
ダクト及びダクト附属品							
	スパイラルダクト				☆		
	フレキシブルダクト			☆			
	ステンレス鋼板製ダクト					☆	
○	長方形ダクトの板厚			☆	☆		
	長方形ダクトのアスペクト比（長辺／短辺）			☆			
○	吹出口、吸込口		☆				☆
	変風量ユニット			☆			

■設計図書に関する知識

設計図書		R5後	R5前	R4後	R4前	R3後	R3前
	公共工事標準請負契約約款				☆		
◎	設計図書に記載する設備機器の仕様項目	☆	☆	☆			☆
	設計図書間の内容に相違がある場合の優先順位					☆	

■施工管理法

施工計画		R5後	R5前	R4後	R4前	R3後	R3前
公共工事における施工計画等							
	施工計画書				☆		
○	石綿（アスベスト）	☆		☆			
○	仮設計画	☆		☆			
	設計図書の内容や現場の収まりに疑義が生じた場合の対応						☆
◎	設計図書間の内容に相違がある場合の優先順位	☆		☆	☆		☆
	工事完成時に監督員へ提出する図書等					☆	
	施工体制、主任技術者の現場代理人の兼任				☆		
	現場代理人の工事現場への常駐義務						☆

工程管理		R5後	R5前	R4後	R4前	R3後	R3前
◎	ネットワーク工程表	☆	☆	☆	☆	☆	☆
◎	クリティカルパス	☆	☆	☆	☆	☆	☆

品質管理		R5後	R5前	R4後	R4前	R3後	R3前
品質確認の検査							
◎	抜取検査		☆	☆	☆		☆
◎	全数検査	☆		☆	☆		☆
◎	防火区画の貫通部分の穴埋め	☆			☆	☆	☆
◎	給水配管の水圧試験				☆	☆	☆
○	ボイラーの安全弁の作動				☆		☆
◎	防火ダンパーの温度ヒューズの作動		☆		☆		☆
	洗面器の取付け					☆	
	排水用水中モーターポンプの試験					☆	

安全管理		R5後	R5前	R4後	R4前	R3後	R3前
建設工事の安全管理							
	重大災害				☆		
◎	ツールボックスミーティング	☆		☆			☆
	指差呼称				☆		
○	熱中症予防、暑さ指数（WBGT）	☆		☆			
	酸素濃度						☆
	既設汚水ピット内の作業						☆
	荷を吊り上げるワイヤーロープ、安全係数				☆		
	高さ 2m 以上の作業場所に設ける作業床（幅、床材）					☆	
○	脚立（脚と水平面との角度）		☆			☆	
	移動式クレーンの転倒防止	☆					

工事施工		R5後	R5前	R4後	R4前	R3後	R3前
機器の据付け							
	アンカーボルト				☆		
◎	吸収冷温水機				☆	☆	☆
◎	パッケージ形空気調和機		☆		☆		☆
○	送風機・プーリーの芯出し			☆			☆
○	排水用水中モーターポンプ			☆		☆	
○	飲料水用受水タンク	☆		☆			

○	防振装置付きの機器、重量機器		☆			☆	
配管及び配管附属品の施工							
	水道用硬質塩化ビニルライニング鋼管のねじ接合				☆		
	給水管の埋設深さ				☆		
○	排水立て管			☆	☆		
	給水立て管						☆
	通気立て管					☆	
	飲料用受水タンクのオーバーフロー管・水抜管					☆	
○	地中埋設配管（給水管と配水管の交差、防振継手）		☆				☆
○	満水試験		☆	☆			
	弁（仕切弁、玉形弁、バタフライ弁、ボール弁、コック弁、逆止め弁）	☆					
ダクト及びダクト附属品の施工							
	長方形ダクト					☆	
○	アングルフランジ工法ダクト				☆	☆	
○	コーナーボルト工法ダクト		☆		☆		
○	共板フランジ工法ダクト					☆	☆
○	フレキシブルダクト		☆				☆
	スパイラルダクト	☆					
○	（浴室など）多湿箇所の排気ダクト	☆		☆			
○	風量測定口の位置			☆			☆
	給排気ガラリの面風速			☆			
○	防火区画をダクトが貫通する場合の保温材				☆		☆
	たわみ継手					☆	
	ダンパー（風量調節ダンパー、防火ダンパー）	☆					
塗装							
◎	下塗り塗料（さび止めペイント）		☆	☆		☆	
○	アルミニウムペイント				☆		☆
◎	塗装に適さない気温、湿度等	☆		☆	☆	☆	☆
○	塗料を調合する場所			☆		☆	
○	塗装の工程間隔時間			☆		☆	

保温・保冷							
◎	冷温水配管の吊りバンドの支持部	☆			☆		☆
○	天井内に隠ぺいされる冷温水配管の保温				☆		☆
異種管の接合							
	イオン化傾向			☆			
	配管用炭素鋼鋼管とステンレス鋼管の接合			☆			
試運転調整							
	機器又は配管とその試験方法						☆
◎	多翼送風機の試運転調整		☆		☆	☆	
	マルチパッケージ形空気調和機の試運転					☆	
	高置タンク方式の給水設備の残留塩素の測定					☆	
	屋外騒音の測定					☆	
○	渦巻ポンプの試運転調整	☆					☆
JIS 規定							
○	配管系の識別表示（物質等の種類と識別色）		☆		☆		

■法規

労働安全衛生法		R5後	R5前	R4後	R4前	R3後	R3前
労働安全衛生管理							
○	作業主任者		☆			☆	
○	安全衛生推進者		☆				☆
◎	労働者の雇い入れ時、作業内容の変更時の教育（安全衛生教育）	☆		☆			☆
◎	移動はしご	☆	☆	☆			☆
○	酸素欠乏危険作業、酸素の濃度	☆		☆			
○	高所作業車を使用する作業		☆		☆		
	つり上げ荷重が 5 トン未満の移動式クレーン				☆		

労働基準法		R5後	R5前	R4後	R4前	R3後	R3前
災害補償							
	療養の費用			☆			
	休業補償			☆			
	重大な過失による業務上負傷の場合			☆			

労働条件							
◎	賃金	☆				☆	☆
	労働時間、休憩、休日		☆				
○	年少者の証明書、就業制限				☆		☆
○	労働契約の無効、解約				☆		☆

建築基準法		R5後	R5前	R4後	R4前	R3後	R3前
建築基準法（用語の定義）							
◎	特殊建築物		☆			☆	☆
◎	建築設備	☆	☆		☆		
○	居室	☆				☆	
◎	主要構造部		☆			☆	☆
○	不燃材料	☆				☆	
建築物の面積、高さ及び階数の算定方法							
	階数			☆			
	水平投影面積			☆			
	屋根の棟飾り			☆			
建築設備（中央管理方式の空気調和設備）							
	居室の室内空気の環境基準			☆			
建築設備（飲料用給水タンク）							
	保守点検、マンホール				☆		
	衛生上必要な措置				☆		
建築設備（配管設備）							
○	飲料水の配管設備	☆				☆	
○	排水再利用配管設備		☆			☆	
○	排水のための配管設備	☆					☆
	腐食防止のための措置						☆
建築設備（排水・通気設備）							
	排水槽		☆				

	建設業法	R5後	R5前	R4後	R4前	R3後	R3前
建設業法（用語の定義）							
	建設業、建設業者				☆		
	下請契約				☆		
	発注者				☆		
	元請負人				☆		
建設業法							
	建設業の許可		☆				
○	建設業の許可が国土交通大臣の許可に限られるもの		☆		☆		
○	請負契約			☆		☆	
◎	見積書の交付、見積りに必要な期間			☆		☆	☆
○	請負契約締結時の書面			☆		☆	
○	一括下請負の禁止			☆			☆
	請負契約の支払い					☆	
◎	主任技術者	☆	☆	☆		☆	☆
○	監理技術者			☆			☆
	現場代理人			☆			
○	建設工事現場の標識の記載事項	☆					☆

	消防法	R5後	R5前	R4後	R4前	R3後	R3前
	消火設備の種類			☆			
○	屋内消火栓設備	☆					☆
○	危険物の指定数量		☆			☆	
	消防法に基づく届出書等とその届出者				☆		

	その他法規	R5後	R5前	R4後	R4前	R3後	R3前
廃棄物の処理及び清掃に関する法律							
◎	産業廃棄物	☆	☆	☆	☆	☆	☆
○	石綿含有産業廃棄物			☆		☆	
○	特別管理産業廃棄物				☆		☆
◎	特別管理一般廃棄物	☆		☆		☆	
	一般廃棄物						☆

◎	産業廃棄物管理票	☆	☆				☆
建設工事に係る資材の再資源化等に関する法律							
○	特定建設資材			☆			☆
フロン類使用の合理化及び管理の適正化に関する法律							
	法律の対象となる機器				☆		
○	第一種特定製品の使用時、廃棄時に行うべき事項	☆				☆	
浄化槽法							
	水質に関する検査				☆		
	国土交通大臣の認定				☆		
○	浄化槽設備士		☆		☆		
	浄化槽からの放流水（生物化学的酸素要求量）		☆				
騒音規制法							
	特定建設作業			☆			
建築物のエネルギー消費性能の向上に関する法律							
○	エネルギー消費性能が評価の対象に該当するもの	☆				☆	
その他							
○	測定値と法律の組合せ		☆				☆

■施工管理法（基礎的な能力）

施工管理法（基礎的な能力）		R5後	R5前	R4後	R4前	R3後	R3前
工程表							
◎	ガントチャート工程表	☆	☆	☆	☆	☆	☆
◎	バーチャート工程表	☆	☆	☆	☆	☆	☆
◎	ネットワーク工程表		☆	☆	☆		☆
機器の据付け							
	ユニット形空気調和機の基礎			☆			
◎	冷却塔	☆		☆			☆
○	排水用水中モーターポンプ			☆		☆	
◎	送風機	☆	☆		☆		
○	飲料用給水タンク				☆	☆	
	耐震ストッパー					☆	

	遠心送風機						☆
◎	コンクリート基礎		☆		☆	☆	☆
	防振基礎		☆				
○	埋込式アンカーボルト		☆				☆
配管及び配管附属品の施工							
	雨水ます、インバート			☆			
	給水栓、吐水口空間				☆		
	鋼管のねじ接合				☆		
	樹脂ライニング鋼管			☆			
○	フレキシブルジョイント				☆	☆	
	揚水管のウォーターハンマーの防止						☆
○	飲料用受水タンク		☆			☆	
○	飲料用冷水器の排水管	☆				☆	
○	排水横枝管		☆			☆	
	一般配管用ステンレス鋼鋼管		☆				
ダクト及びダクト附属品							
	ダクトの拡大角度			☆			
	外壁に取り付けるガラリ			☆			
	亜鉛鉄板製のスパイラルダクト				☆		
	消音エルボや消音チャンバーの消音内貼材				☆		
◎	防火ダンパー	☆				☆	☆
	共板フランジ工法ダクトのフランジの板厚				☆		
	フランジの許容最大取付け間隔					☆	
	小口径のスパイラルダクト					☆	
	防振吊り						☆
○	フレキシブルダクト		☆		☆		
◎	長方形ダクト	☆	☆				☆

2級管工事施工管理技術検定試験

令和5年度（後期）

第一次検定

■選択問題《せんたくもんだい》は、指定数《していすう》を超《こ》えて解答《かいとう》した場合《ばあい》、減点《げんてん》となります。

・問題番号《もんだいばんごう》No.1からNo.6までの6問題《もんだい》は必須問題《ひっすもんだい》です。全問題《ぜんもんだい》を解《かい》答《とう》してください。

・問題番号《もんだいばんごう》No.7からNo.23までの17問題《もんだい》のうちから9問題《もんだい》を選択《せんたく》し、解答《かいとう》してください。

・問題番号《もんだいばんごう》No.24からNo.28までの5問題《もんだい》は必須問題《ひっすもんだい》です。全問題《ぜんもんだい》を解答《かいとう》してください。

・問題番号《もんだいばんごう》No.29からNo.38までの10問題《もんだい》のうちから8問題《もんだい》を選択《せんたく》し、解答《かいとう》してください。

・問題番号《もんだいばんごう》No.39からNo.48までの10問題《もんだい》のうちから8問題《もんだい》を選択《せんたく》し、解答《かいとう》してください。

・問題番号《もんだいばんごう》No.49からNo.52までの4問題《もんだい》は、施工管理法《せこうかんりほう》(基礎的《きそてき》な能《のう》力《りょく》)の問題《もんだい》で、必須問題《ひっすもんだい》です。全問題《ぜんもんだい》を解答《かいとう》してください。

◆第一次検定結果データ◆

受検者数	11,068人
合格者数	7,701人
合格率	69.6%

合格基準	24問以上

※第一次検定のみ受検者数または合格者数を含む。

別冊p.178～179に解答用紙がありますので，コピーしてお使いください。

令和5年度　後期

2級 管工事施工管理技術検定

第一次検定問題

※問題番号《もんだいばんごう》No.1からNo.48までの問題《もんだい》の正解《せいかい》は、1問《もん》について一《ひと》つです。
当該問題番号《とうがいもんだいばんごう》の解答記入欄《かいとうきにゅうらん》の正解《せいかい》と思《おも》う数字《すうじ》を一《ひと》つぬりつぶしてください。
1問《もん》について、二《ふた》つ以上《いじょう》ぬりつぶしたものは、正解《せいかい》となりません。

※問題番号《もんだいばんごう》No.1からNo.6までの6問題《もんだい》は必須問題《ひっすもんだい》です。全問題《ぜんもんだい》を解《かい》答《とう》してください。

No. 1 湿《しめ》り空気《くうき》に関《かん》する記述《きじゅつ》のうち、**適当《てきとう》でないもの**はどれか。

1　飽和湿《ほうわしめ》り空気《くうき》の相対湿度《そうたいしつど》は100%である。
2　絶対湿度《ぜったいしつど》は、湿《しめ》り空気中《くうきちゅう》に含《ふく》まれている乾《かわ》き空気《くうき》1kgに対《たい》する水蒸《すいじょう》気《き》の質量《しつりょう》で示《しめ》す。
3　飽和湿《ほうわしめ》り空気《くうき》の乾球温度《かんきゅうおんど》と湿球温度《しっきゅうおんど》は等《ひと》しい。
4　湿《しめ》り空気《くうき》を加熱《かねつ》すると、その絶対湿度《ぜったいしつど》は下《さ》がる。

No. 2 空気環境《くうきかんきょう》に関《かん》する記述《きじゅつ》のうち、**適当《てきとう》でないもの**はどれか。

1　室内《しつない》の浮遊紛《ふゆうふん》じんは、人体《じんたい》の呼吸器系《こきゅうきけい》に影響《えいきょう》を及《およ》ぼす。
2　臭気《しゅうき》は、空気汚染《くうきおせん》を示《しめ》す指標《しひょう》の一《ひと》つであり、臭気強度《しゅうききょうど》や臭気指数《しゅうきしすう》で表《あらわ》す。
3　居室《きょしつ》の必要換気量《ひつようかんきりょう》は、一酸化炭素濃度《いっさんかたんそのうど》の許容値《きょようち》に基《もと》づき算出《さんしゅつ》する。
4　ホルムアルデヒドの室内濃度《しつないのうど》が高《たか》くなると、目《め》や呼吸器系《こきゅうきけい》を刺激《しげき》し健康《けんこう》に影響《えいきょう》を及《およ》ぼす。

No. 3

流体《りゅうたい》に関《かん》する記述《きじゅつ》のうち、**適当《てきとう》でないもの**はどれか。

1　全圧《ぜんあつ》とは、静圧《せいあつ》と位置圧《いちあつ》の和《わ》をいう。

2　水《みず》の粘性係数《ねんせいけいすう》は、空気《くうき》の粘性係数《ねんせいけいすう》より大《おお》きい。

3　ピトー管《かん》は、流速《りゅうそく》の測定《そくてい》に用《もち》いられる。

4　レイノルズ数《すう》が大《おお》きくなると、乱流《らんりゅう》になる。

No. 4

伝熱《でんねつ》に関《かん》する記述《きじゅつ》のうち、**適当《てきとう》でないもの**はどれか。

1　熱伝導《ねつでんどう》とは、物体《ぶったい》の内部《ないぶ》において、温度《おんど》の高《たか》い方《ほう》から低《ひく》い方《ほう》に熱《ねつ》が伝《つた》わる現象《げんしょう》をいう。

2　固体壁《こたいへき》とこれに接《せっ》する流体間《りゅうたいかん》の熱伝達量《ねつでんたつりょう》は、固体表面《こたいひょうめん》と流体《りゅうたい》の温度《おんど》差《さ》に反比例《はんぴれい》する。

3　熱伝導率《ねつでんどうりつ》は材料固有《ざいりょうこゆう》のものであり、熱《ねつ》の伝《つた》わりやすさの度合《どあ》いを示《しめ》すものである。

4　熱《ねつ》は、低温《ていおん》の物体《ぶったい》から高温《こうおん》の物体《ぶったい》へ自然《しぜん》に移《うつ》ることはない。

No. 5

電気設備《でんきせつび》において「記号又《きごうまた》は文字記号《もじきごう》」と「名称《めいしょう》」の組合《くみあわ》せのうち、**適当《てきとう》でないもの**はどれか。

	［記号又《きごうまた》は文字記号《もじきごう》］	［名称《めいしょう》］
1	F	ヒューズ
2	FEP	波付硬質合成樹脂管《なみつきこうしつごうせいじゅしかん》
3	VT	計器用変圧器《けいきようへんあつき》
4	SC	過負荷欠相継電器《かふかけっそうけいでんき》

解説▶別冊 p.1 ▶▶▶

No.6 コンクリート工事《こうじ》に関《かん》する記述《きじゅつ》のうち、**適当《てきとう》でないもの**はどれか。

1 水《みず》セメント比《ひ》が大《おお》きくなると、コンクリートの圧縮強度《あっしゅくきょうど》も大《おお》きくなる。

2 コンクリートは、気温《きおん》が高《たか》いと早《はや》く固《かた》まり、低《ひく》いとゆっくり固《かた》まる。

3 梁《はり》の打継《うちつ》ぎは、せん断力《だんりょく》の小《ちい》さい梁中央付近《はりちゅうおうふきん》に設《もう》ける。

4 コンクリートを打《う》ち込《こ》む場合《ばあい》、原則《げんそく》として横流《よこなが》しをしてはいけない。

※問題番号《もんだいばんごう》No.7からNo.23までの17問題《もんだい》のうちから9問題《もんだい》を選択《せんたく》し、解答《かいとう》してください。

No.7 空気調和設備《くうきちょうわせつび》の計画《けいかく》に関《かん》する記述《きじゅつ》のうち、省《しょう》エネルギーの観点《かんてん》から、**適当《てきとう》でないもの**はどれか。

1 空調用外気《くうちょうようがいき》の取入《とりい》れには、全熱交換器《ぜんねつこうかんき》を採用《さいよう》する。

2 高効率《こうこうりつ》の機器《きき》を採用《さいよう》する。

3 熱源機器《ねつげんきき》を複数台《ふくすうだい》に分割《ぶんかつ》する。

4 暖房時《だんぼうじ》に外気導入量《がいきどうにゅうりょう》を多《おお》くする。

No. 8

下図《かず》に示《しめ》す暖房時《だんぼうじ》の湿《しめ》り空気線図《くうきせんず》のｄ点《てん》に対応《たいおう》する空気調和《くうきちょうわ》システム図上《ずじょう》の位置《いち》として、**適当《てきとう》なもの**はどれか。

1　①
2　②
3　③
4　④

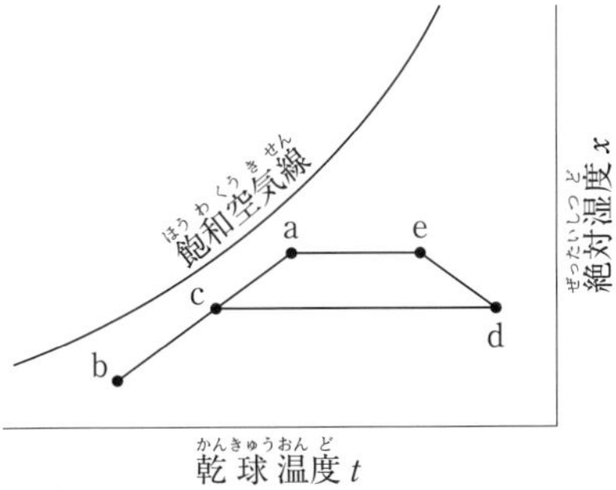

暖房時《だんぼうじ》の湿《しめ》り空気線図《くうきせんず》

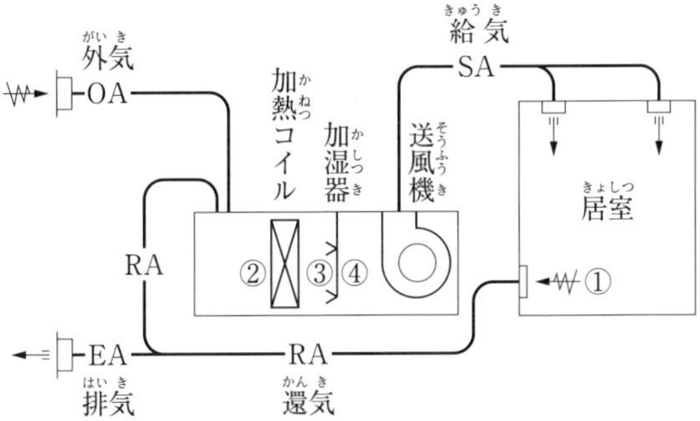

空気調和《くうきちょうわ》システム図《ず》

No. 9

熱負荷《ねつふか》に関《かん》する記述《きじゅつ》のうち、**適当《てきとう》でないもの**はどれか。

1　日射負荷《にっしゃふか》には、顕熱《けんねつ》と潜熱《せんねつ》がある。
2　外気負荷《がいきふか》には、顕熱《けんねつ》と潜熱《せんねつ》がある。
3　顕熱比《けんねつひ》（SHF）とは、全熱負荷《ぜんねつふか》のうち顕熱負荷《けんねつふか》が占《し》める割合《わりあい》をいう。
4　冷房負荷及《れいぼうふかおよ》び暖房負荷《だんぼうふか》には、それぞれ顕熱《けんねつ》と潜熱《せんねつ》がある。

解説▶別冊 p.3 ▶▶▶

No.10 空気清浄装置《くうきせいじょうそうち》に関《かん》する記述《きじゅつ》のうち、**適当《てきとう》でないもの**はどれか。

1 静電式《せいでんしき》は、一般空調用《いっぱんくうちょうよう》に使用《しよう》される。

2 ろ過式《かしき》には、粗《そ》じん用《よう》からHEPA用《よう》まで多《おお》くの種類《しゅるい》がある。

3 粒子捕集原理《りゅうしほしゅうげんり》には、遮《さえぎ》り、静電気等《せいでんきとう》がある。

4 空気通過速度《くうきつうかそくど》を速《はや》くすることで、圧力損失《あつりょくそんしつ》を小《ちい》さくしている。

No.11 コールドドラフトの防止《ぼうし》に関《かん》する記述《きじゅつ》のうち、**適当《てきとう》でないもの**はどれか。

1 自然対流形《しぜんたいりゅうがた》の放熱器《ほうねつき》では、放熱器《ほうねつき》の表面温度《ひょうめんおんど》と室内温度《しつないおんど》の差《さ》を小《ちい》さくする。

2 放熱器《ほうねつき》は、内壁側《ないへきがわ》に設置《せっち》する。

3 エアフローウィンドウで窓面《まどめん》の熱負荷《ねつふか》を低減《ていげん》する。

4 外壁《がいへき》に面《めん》する建具《たてぐ》の気密性《きみつせい》を高《たか》め、隙間風《すきまかぜ》を減《へ》らす。

No.12 空冷《くうれい》ヒートポンプパッケージ形空気調和機《がたくうきちょうわき》に関《かん》する記述《きじゅつ》のうち、**適当《てきとう》でないもの**はどれか。

1 冷房《れいぼう》の場合《ばあい》、外気温度《がいきおんど》が高《たか》いほど運転効率《うんてんこうりつ》は低下《ていか》する。

2 マルチパッケージ形空気調和機《がたくうきちょうわき》には、系統内《けいとうない》で熱回収《ねつかいしゅう》される冷暖同時型《れいだんどうじがた》がある。

3 屋内機《おくないき》と屋外機間《おくがいきかん》の高低差《こうていさ》には、制限《せいげん》がない。

4 暖房運転《だんぼううんてん》において外気温度《がいきおんど》が低《ひく》いときには、屋外機《おくがいき》コイルに霜《しも》が付着《ふちゃく》することがある。

No.13 換気《かんき》の「対象《たいしょう》となる室《しつ》」と「換気《かんき》の必要《ひつよう》な主《おも》な要因《よういん》」の組合《くみあわ》せのうち、**適当《てきとう》でないもの**はどれか。

	[対象《たいしょう》となる室《しつ》]	[換気《かんき》の必要《ひつよう》な主《おも》な要因《よういん》]
1	電気室《でんきしつ》	汚染物質《おせんぶっしつ》
2	シャワー室《しつ》	湿気《しっけ》
3	ボイラー室《しつ》	燃焼空気供給《ねんしょうくうききょうきゅう》
4	書庫《しょこ》	臭気《しゅうき》

No.14 換気《かんき》に関《かん》する記述《きじゅつ》のうち、**適当《てきとう》でないもの**はどれか。

1　自然換気《しぜんかんき》は、温度差《おんどさ》による浮力等《ふりょくとう》によって室内《しつない》の空気《くうき》を屋外《おくがい》へ排出《はいしゅつ》する。

2　機械換気《きかいかんき》は、送風機等《そうふうきとう》を利用《りよう》して室内《しつない》の空気《くうき》を入《い》れ替《か》える。

3　必要換気量《ひつようかんきりょう》とは、室内《しつない》を循環《じゅんかん》する空気量《くうきりょう》で、外気《がいき》は含《ふく》まれない。

4　局所換気《きょくしょかんき》とは、汚染物質《おせんぶっしつ》が発生《はっせい》する場所《ばしょ》を局部的《きょくぶてき》に換気《かんき》する方法《ほうほう》である。

No.15 上水道《じょうすいどう》に関《かん》する記述《きじゅつ》のうち、**適当《てきとう》でないもの**はどれか。

1　配水管《はいすいかん》への取付口《とりつけこう》の位置《いち》は、他《ほか》の給水装置《きゅうすいそうち》の取付口《とりつけこう》から15cm以上《いじょう》離《はな》すものとする。

2　軟弱地盤《なんじゃくじばん》や構造物《こうぞうぶつ》との取《と》り合《あ》い部等《ぶとう》の不同沈下《ふどうちんか》のおそれのある箇所《かしょ》には、可《か》とう性《せい》のある伸縮継手《しんしゅくつぎて》を設《もう》ける。

3　給水装置《きゅうすいそうち》とは、水道事業者《すいどうじぎょうしゃ》の布設《ふせつ》した配水管《はいすいかん》から分岐《ぶんき》して設《もう》けられた給水管《きゅうすいかん》及《およ》びこれに直結《ちょっけつ》する給水用具《きゅうすいようぐ》をいう。

4　市街地等《しがいちとう》の道路部分《どうろぶぶん》に布設《ふせつ》する外径《がいけい》80mm以上《いじょう》の配水管《はいすいかん》には、管理《かんり》者名《しゃめい》、布設年次等《ふせつねんじとう》を明示《めいじ》するテープを取《と》り付《つ》ける。

No.16 下水道《げすいどう》に関《かん》する記述《きじゅつ》のうち、**適当《てきとう》でないもの**はどれか。

1　下水《げすい》とは、生活《せいかつ》若《も》しくは事業《じぎょう》（耕作《こうさく》の事業《じぎょう》を除《のぞ》く。）に起因《きいん》し、若《も》しくは付随《ふずい》する廃水又《はいすいまた》は雨水《うすい》をいう。

2　分流式《ぶんりゅうしき》では、降雨時《こううじ》の路面排水《ろめんはいすい》が直接公共用水域《ちょくせつこうきょうようすいいき》に放流《ほうりゅう》される。

3　公共下水道《こうきょうげすいどう》の設置《せっち》、改築《かいちく》、修繕《しゅうぜん》、維持《いじ》その他《た》の管理《かんり》は、市町村《しちょうそん》が行《おこな》う。

4　下水道本管《げすいどうほんかん》への取付管《とりつけかん》の接続《せつぞく》は、管底《かんてい》に接続《せつぞく》する。

解説▶別冊 p.4 ▶▶▶

No.17 給水設備《きゅうすいせつび》に関《かん》する記述《きじゅつ》のうち、**適当《てきとう》でないもの**はどれか。

1　受水《じゅすい》タンクのオーバーフローの取《と》り出《だ》しは、給水管《きゅうすいかん》の吐水口端《とすいこうたん》の高《たか》さより上方《じょうほう》からとする。

2　揚程《ようてい》が30mを超《こ》える給水《きゅうすい》ポンプの吐出《はきだ》し側《がわ》に取《と》り付《つ》ける逆止《ぎゃくど》め弁《べん》は、衝撃吸収式《しょうげききゅうしゅうしき》とする。

3　受水《じゅすい》タンクへの給水《きゅうすい》には、ボールタップや定水位弁《ていすいいべん》が用《もち》いられる。

4　クロスコネクションとは、飲料水系統《いんりょうすいけいとう》とその他《た》の系統《けいとう》が、配管《はいかん》・装《そう》置《ち》により直接接続《ちょくせつせつぞく》されることをいう。

No.18 給湯設備《きゅうとうせつび》に関《かん》する記述《きじゅつ》のうち、**適当《てきとう》でないもの**はどれか。

1　瞬間式湯沸器《しゅんかんしきゆわかしき》の加熱能力《かねつのうりょく》は、瞬時最大流量《しゅんじさいだいりゅうりょう》に基《もと》づき算定《さんてい》する。

2　貯湯式給湯器《ちょとうしききゅうとうき》には、開放型《かいほうがた》と密閉型《みっぺいがた》がある。

3　密閉式膨張《みっぺいしきぼうちょう》タンクは、機械室《きかいしつ》には設置《せっち》できない。

4　集合住宅《しゅうごうじゅうたく》の住戸内配管《じゅうこないはいかん》は、さや管《かん》ヘッダー方式《ほうしき》とする場合《ばあい》がある。

No.19 排水《はいすい》・通気設備《つうきせつび》に関《かん》する記述《きじゅつ》のうち、**適当《てきとう》でないもの**はどれか。

1　通気管《つうきかん》の最小管径《さいしょうかんけい》は、25mmとする。

2　トラップの深《ふか》さは、浅《あさ》いと封水《ふうすい》が切《き》れやすく、深《ふか》いと底部《ていぶ》に固形物《こけいぶつ》が溜《た》まるため、50～100mmとする。

3　飲料用《いんりょうよう》タンクの間接排水管《かんせつはいすいかん》の排水口空間《はいすいこうくうかん》は、排水管《はいすいかん》の管径《かんけい》によらず、最小《さいしょう》150mmとする。

4　横走排水管《よこばしりはいすいかん》に設《もう》ける掃除口《そうじこう》の取付《とりつ》け間隔《かんかく》は、管径《かんけい》が100mm以下《いか》の場合《ばあい》は15m以内《いない》、100mmを超《こ》える場合《ばあい》は30m以内《いない》が望《のぞ》ましい。

No.20

排水《はいすい》·通気設備《つうきせつび》に関《かん》する記述《きじゅつ》のうち、**適当《てきとう》でないもの**はどれか。

1　排水槽《はいすいそう》の吸込《すいこみ》ピットは、排水用水中《はいすいようすいちゅう》モーターポンプ吸込部《すいこみぶ》の周囲《しゅうい》及《およ》び下部《かぶ》に200mm以上《いじょう》の間隔《かんかく》を持《も》たせる。

2　排水立《はいすいた》て管《かん》の上部《じょうぶ》は、一般的《いっぱんてき》に、伸頂通気管《しんちょうつうきかん》として延長《えんちょう》し、大気《たいき》に開放《かいほう》する。

3　排水管《はいすいかん》は、立《た》て管又《かんまた》は横管《よこかん》のいずれの場合《ばあい》でも、排水《はいすい》の流下方向《りゅうかほうこう》の管径《かんけい》は縮小《しゅくしょう》しない。

4　ループ通気管《つうきかん》は、最上流《さいじょうりゅう》の器具排水管《きぐはいすいかん》が排水横枝管《はいすいよこえだかん》に接続《せつぞく》した点《てん》のすぐ上流《じょうりゅう》から立《た》ち上《あ》げる。

No.21

屋内消火栓設備《おくないしょうかせんせつび》において、加圧送水装置《かあつそうすいそうち》の方式《ほうしき》として、**適当《てきとう》でないもの**はどれか。

1　高架水槽《こうかすいそう》による方式《ほうしき》

2　水道直結《すいどうちょっけつ》による方式《ほうしき》

3　圧力水槽《あつりょくすいそう》による方式《ほうしき》

4　ポンプによる方式《ほうしき》

No.22

ガス設備《せつび》に関《かん》する記述《きじゅつ》のうち、**適当《てきとう》でないもの**はどれか。

1　液化石油《えきかせきゆ》ガス（LPG）は、調整器《ちょうせいき》で燃焼《ねんしょう》に適《てき》した圧力《あつりょく》に減圧《げんあつ》する。

2　液化天然《えきかてんねん》ガス（LNG）は、液化《えきか》する際《さい》に硫黄分《いおうぶん》やその他《た》の不純物《ふじゅんぶつ》が除去《じょきょ》されている。

3　ガスの比重《ひじゅう》の大小《だいしょう》は、ガス燃焼機器《ねんしょうきき》ノズルからのガス噴出量《ふんしゅつりょう》に影響《えいきょう》しない。

4　液化石油《えきかせきゆ》ガス（LPG）は、本来《ほんらい》、無色無臭《むしょくむしゅう》のガスである。

解説▶別冊 p.7 ▶▶▶

No.23

JISに規定《きてい》する「建築物《けんちくぶつ》の用途別《ようとべつ》による屎尿浄化槽《しにょうじょうかそう》の処理対象《しょりたいしょう》人員算定基準《じんいんさんていきじゅん》」において、処理対象人員《しょりたいしょうじんいん》を算定《さんてい》する際《さい》、延《の》べ面《めん》積《せき》によることが**適当《てきとう》でないもの**はどれか。

1　事務所《じむしょ》
2　集会場《しゅうかいじょう》
3　公衆便所《こうしゅうべんじょ》
4　共同住宅《きょうどうじゅうたく》

※問題番号《もんだいばんごう》No.24からNo.28までの5問題《もんだい》は必須問題《ひっすもんだい》です。全問題《ぜんもんだい》を解答《かいとう》してください。

No.24

飲料用給水《いんりょうようきゅうすい》タンクに関《かん》する記述《きじゅつ》のうち、**適当《てきとう》でないもの**はどれか。

1　FRP製《せい》パネルタンクには、FRPを表面材《ひょうめんざい》とし合成樹脂発泡体《ごうせいじゅしはっぽうたい》を心材《しんざい》としたサンドイッチ構造《こうぞう》のものがある。

2　ステンレス鋼鈑製《こうはんせい》パネルタンクは、タンク上部《じょうぶ》の気相部《きそうぶ》に塩素《えんそ》が滞《たい》留《りゅう》しやすいため耐食性《たいしょくせい》に優《すぐ》れたステンレスを使用《しよう》する。

3　鋼製《こうせい》タンク内面《ないめん》は、防食処理《ぼうしょくしょり》として一定《いってい》の膜厚《まくあつ》を形成《けいせい》したエポキシ樹脂等《じゅしとう》の樹脂系塗料《じゅしけいとりょう》を施《ほどこ》す。

4　給水《きゅうすい》タンクのオーバーフロー管《かん》には、衛生上有害《えいせいじょうゆうがい》なものが入《はい》らないように、トラップを設《もう》ける。

No.25 保温材《ほおんざい》に関《かん》する記述《きじゅつ》のうち、**適当《てきとう》でないもの**はどれか。

1　JIS規格《きかく》では、ホルムアルデヒド放散量《ほうさんりょう》に応《おう》じた等級区分《とうきゅうくぶん》が示《しめ》されている。

2　グラスウール保温材《ほおんざい》は、ポリスチレンフォーム保温材《ほおんざい》に比《くら》べて、高《こう》温域《おんいき》で使用《しよう》できる。

3　ロックウール保温材《ほおんざい》は、耐火性《たいかせい》に優《すぐ》れ、配管等《はいかんとう》の防火区画《ぼうかくかく》の貫通部《かんつうぶ》等《とう》に使用《しよう》される。

4　ポリスチレンフォーム保温材《ほおんざい》は、人造鉱物繊維保温材《じんぞうこうぶつせんいほおんざい》である。

No.26 配管材料及《はいかんざいりょうおよ》び配管附属品《はいかんふぞくひん》に関《かん》する記述《きじゅつ》のうち、**適当《てきとう》でないもの**はどれか。

1　Y形《がた》ストレーナーは、円筒形《えんとうけい》のスクリーンを流路《りゅうろ》に対《たい》して45度傾《どかたむ》けた構造《こうぞう》で、横引《よこび》きの配管《はいかん》では、上部《じょうぶ》にスクリーンを引《ひ》き抜《ぬ》く。

2　銅管《どうかん》は、肉厚《にくあつ》によりK、L及《およ》びMタイプに分類《ぶんるい》される。

3　弁《べん》を中間開度《ちゅうかんかいど》にして流量調整《りゅうりょうちょうせい》を行《おこな》う場合《ばあい》には、玉形弁《たまがたべん》とバタフライ弁《べん》は適《てき》しているが、ボール弁《べん》と仕切弁《しきりべん》は適《てき》していない。

4　水道用硬質《すいどうようこうしつ》ポリ塩化《えんか》ビニル管《かん》の種類《しゅるい》には、VPとHIVPがある。

No.27 ダクトに関《かん》する記述《きじゅつ》のうち、**適当《てきとう》でないもの**はどれか。

1　エルボの内側半径《うちがわはんけい》は、円形《えんけい》ダクトではダクトの直径《ちょっけい》の$\frac{1}{2}$以上《いじょう》とする。

2　ダクトの断面《だんめん》を拡大《かくだい》や縮小《しゅくしょう》する場合《ばあい》、拡大角度及《かくだいかくどおよ》び縮小角度《しゅくしょうかくど》ともに45度以内《どいない》とする。

3　案内羽根《あんないばね》（ガイドベーン）は、直角《ちょっかく》エルボ等《とう》に設《もう》け、圧力損失《あつりょくそんしつ》を低減《ていげん》する。

4　共板《ともいた》フランジ用《よう》ガスケットは、弾力性《だんりょくせい》のあるものを使用《しよう》する。

解説▶別冊 p.9 ▶▶▶

No.28

「設備機器《せつびきき》」と「設計図書《せっけいとしょ》に記載《きさい》する項目《こうもく》」の組合《くみあわ》せのうち、**適当《てきとう》でないもの**はどれか。

	[設備機器《せつびきき》]		[設計図書《せっけいとしょ》に記載《きさい》する項目《こうもく》]
1	全熱交換器《ぜんねつこうかんき》	——	全熱交換効率《ぜんねつこうかんこうりつ》
2	揚水《ようすい》ポンプ	——	呼《よ》び番号《ばんごう》
3	ユニット形空気調和機《がたくうきちょうわき》	——	有効加湿量《ゆうこうかしつりょう》
4	冷却塔《れいきゃくとう》	——	騒音値《そうおんち》

※問題番号《もんだいばんごう》No.29からNo.38までの10問題《もんだい》のうちから8問題《もんだい》を選択《せんたく》し、解答《かいとう》してください。

No.29

公共工事《こうきょうこうじ》の施工計画等《せこうけいかくとう》に関《かん》する記述《きじゅつ》のうち、**適当《てきとう》でないもの**はどれか。

1　工事《こうじ》に使用《しよう》する資機材《しきざい》は、石綿《いしわた》を含有《がんゆう》しないものとする。

2　仮設計画《かせつけいかく》は、設計図書《せっけいとしょ》に特別《とくべつ》の定《さだ》めがない場合《ばあい》、原則《げんそく》として受注者《じゅちゅうしゃ》の責任《せきにん》において定《さだ》める。

3　工事写真《こうじしゃしん》は、後日《ごじつ》の目視検査《もくしけんさ》が容易《ようい》でない箇所《かしょ》のほか、設計図書《せっけいとしょ》で定《さだ》められている箇所《かしょ》についても撮影《さつえい》しなければならない。

4　現場説明書《げんばせつめいしょ》と質問回答書《しつもんかいとうしょ》の内容《ないよう》に相違《そうい》がある場合《ばあい》は、現場説明書《げんばせつめいしょ》の内容《ないよう》が優先《ゆうせん》される。

No.30

下図《かず》に示《しめ》すネットワーク工程表《こうていひょう》に関《かん》する記述《きじゅつ》のうち、**適当《てきとう》でないもの**はどれか。
ただし、図中《ずちゅう》のイベント間《かん》のＡ～Ｈは作業内容《さぎょうないよう》、日数《にっすう》は作業日《さぎょうにっ》数《すう》を表《あらわ》す。

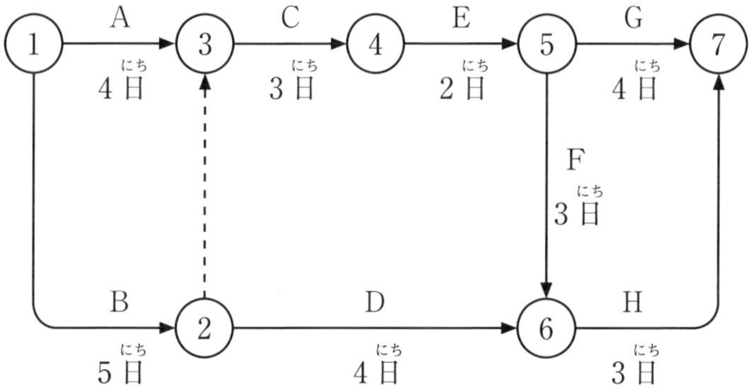

1　作業《さぎょう》Ｈは、作業《さぎょう》Ｄ及《およ》び作業《さぎょう》Ｆが完了《かんりょう》しないと開始《かいし》できない。
2　クリティカルパスは1本《ぽん》で、その所要日数《しょようにっすう》は15日《にち》である。
3　作業《さぎょう》Ｄの作業日数《さぎょうにっすう》を２日《にち》に短縮《たんしゅく》しても、全体《ぜんたい》の所要日数《しょようにっすう》は変《か》わらない。
4　作業《さぎょう》Ｇは、作業《さぎょう》Ｆよりも２日遅《にちおそ》く着手《ちゃくしゅ》することができる。

No.31

品質管理《ひんしつかんり》に関《かん》する記述《きじゅつ》のうち、**適当《てきとう》でないもの**はどれか。

1　品質管理《ひんしつかんり》の目的《もくてき》は、設計図書等《せっけいとしょとう》で要求《ようきゅう》された品質《ひんしつ》を満足《まんぞく》するように施工《せこう》することである。
2　品質管理《ひんしつかんり》を行《おこな》うと品質《ひんしつ》は向上《こうじょう》するが、手直《てなお》しが増加《ぞうか》し原価《げんか》が上《あ》がる。
3　品質管理《ひんしつかんり》において、4つの段階《だんかい》PDCAを繰《く》り返《かえ》すことをデミングサークルという。
4　主要機器《しゅようきき》の試験《しけん》や防火区画《ぼうかくかく》の貫通処理《かんつうしょり》は、全数検査《ぜんすうけんさ》とする。

解説▶別冊 p.11 ▶▶▶

No.32 建設工事《けんせつこうじ》における安全管理《あんぜんかんり》に関《かん》する記述《きじゅつ》のうち、**適当《てきとう》でないもの**はどれか。

1 労働者《ろうどうしゃ》が、就業場所《しゅうぎょうばしょ》から他《た》の就業場所《しゅうぎょうばしょ》へ移動《いどう》する途中《とちゅう》で被《こうむ》った災害《さいがい》は、通勤災害《つうきんさいがい》に該当《がいとう》しない。

2 地盤《じばん》が軟弱《なんじゃく》な場所《ばしょ》で移動式《いどうしき》クレーンを用《もち》いる場合《ばあい》、転倒《てんとう》を防止《ぼうし》するため必要《ひつよう》な広《ひろ》さ及《およ》び強度《きょうど》を有《ゆう》する鉄板等《てっぱんとう》を敷設《ふせつ》した上《うえ》に設置《せっち》し作業《さぎょう》を行《おこな》う。

3 熱中症予防《ねっちゅうしょうよぼう》のための指標《しひょう》として、気温《きおん》、湿度及《しつどおよ》び輻射熱《ふくしゃねつ》に関《かん》する値《あたい》を組《く》み合《あ》わせて計算《けいさん》する暑《あつ》さ指数《しすう》（WBGT）がある。

4 ツールボックスミーティングとは、関係《かんけい》する作業者《さぎょうしゃ》が作業開始前《さぎょうかいしまえ》に集《あつ》まり、作業《さぎょう》、安全等《あんぜんとう》について話合《はなしあ》いを行《おこな》うことである。

No.33 機器《きき》の据付《すえつ》けに関《かん》する記述《きじゅつ》のうち、**適当《てきとう》でないもの**はどれか。

1 防振基礎《ぼうしんきそ》には、地震時《じしんじ》の移動《いどう》、転倒防止《てんとうぼうし》のための耐震《たいしん》ストッパーを設《もう》ける。

2 建物内《たてものない》に設置《せっち》する飲料用受水《いんりょうようじゅすい》タンク上部《じょうぶ》と天井《てんじょう》との距離《きょり》は、600mm以上《いじょう》とする。

3 機器《きき》を据《す》え付《つ》けるコンクリート基礎《きそ》は、水平《すいへい》に仕上《しあ》げる。

4 洗面器《せんめんき》をコンクリート壁《かべ》に取《と》り付《つ》ける場合《ばあい》は、一般的《いっぱんてき》に、エキスパンションボルト又《また》は樹脂製《じゅしせい》プラグを使用《しよう》する。

No.34 配管及《はいかんおよ》び配管附属品《はいかんふぞくひん》の施工《せこう》に関《かん》する記述《きじゅつ》のうち、**適当《てきとう》でないもの**はどれか。

1　配管用炭素鋼鋼管《はいかんようたんそこうこうかん》を雑排水系統《ざつはいすいけいとう》に使用《しよう》する場合《ばあい》、配管用鋼製突合《はいかんようこうせいつきあわ》せ溶接式管継手《ようせつしきかんつぎて》で接続《せつぞく》する。

2　給水用《きゅうすいよう》の塩《えん》ビライニング鋼管《こうかん》に用《もち》いる仕切弁《しきりべん》には、管端防食《かんたんぼうしょく》ねじ込《こ》み形弁《がたべん》がある。

3　鋼管《こうかん》の突合《つきあわ》せ溶接《ようせつ》による接合《せつごう》は、開先加工等《かいさきかこうとう》を行《おこな》い、ルート間隔《かんかく》を保持《ほじ》して行《おこな》う。

4　排水《はいすい》・通気用耐火二層管《つうきようたいかにそうかん》の接合《せつごう》には、接着接合《せっちゃくせつごう》、ゴム輪接合《わせつごう》（伸縮《しんしゅく》継手用《つぎてよう》）がある。

No.35 ダクト及《およ》びダクト附属品《ふぞくひん》の施工《せこう》に関《かん》する記述《きじゅつ》のうち、**適当《てきとう》でないもの**はどれか。

1　長辺《ちょうへん》が300mm以下《いか》の防火《ぼうか》ダンパーの支持《しじ》は、2点《てん》吊《つ》りとする。

2　スパイラルダクトの差込《さしこ》み接合《せつごう》では、継手《つぎて》をビスで固定《こてい》しダクト用《よう》テープで1重《じゅう》巻《ま》きを行《おこな》う。

3　厨房《ちゅうぼう》の排気《はいき》フードの吊《つ》りは、4隅《すみ》のほか1,500mm以下《いか》の間隔《かんかく》で行《おこな》う。

4　浴室《よくしつ》の排気《はいき》ダクトは、排気《はいき》ガラリに向《む》けて下《さ》がり勾配《こうばい》とするか、水《みず》抜《ぬ》きを設《もう》ける。

No.36 保温及《ほおんおよ》び塗装《とそう》に関《かん》する記述《きじゅつ》のうち、**適当《てきとう》でないもの**はどれか。

1　保温《ほおん》の厚《あつ》さは、保温材《ほおんざい》のみの厚《あつ》さとし、補助材及《ほじょざいおよ》び外装材《がいそうざい》の厚《あつ》さは含《ふく》まない。

2　塗装場所《とそうばしょ》の相対湿度《そうたいしつど》が85%以上《いじょう》の場合《ばあい》、原則《げんそく》として塗装《とそう》を行《おこな》わない。

3　冷水配管《れいすいはいかん》を直接吊《ちょくせつつ》りバンドで支持《しじ》する場合《ばあい》は、合成樹脂製支持受《ごうせいじゅしせいしじう》けを使用《しよう》する。

4　給水《きゅうすい》ポンプ回《まわ》りの防振継手《ぼうしんつぎて》は、原則《げんそく》として保温《ほおん》を行《おこな》う。

解説▶別冊 p.13 ▶▶▶

No.37

渦巻《うずまき》ポンプの試運転調整《しうんてんちょうせい》に関《かん》する記述《きじゅつ》のうち、**適当《てきとう》でないもの**はどれか。

1　ポンプを手《て》で回《まわ》して回転《かいてん》むらがないか確認《かくにん》する。

2　瞬時運転《しゅんじうんてん》を行《おこな》い、ポンプの回転方向《かいてんほうこう》を確認《かくにん》する。

3　メカニカルシール部《ぶ》からの水滴《すいてき》の滴下《てきか》が一定量継続《いっていりょうけいぞく》してあることを確認《かくにん》する。

4　軸受温度《じくうけおんど》が周囲空気温度《しゅういくうきおんど》より過度《かど》に高《たか》くなっていないことを確認《かくにん》する。

No.38

風量調整等《ふうりょうちょうせいとう》に関《かん》する記述《きじゅつ》のうち、**適当《てきとう》でないもの**はどれか。

1　吹出口《ふきだしぐち》や吸込口《すいこみぐち》の風量測定《ふうりょうそくてい》を行《おこな》う場合《ばあい》は、補助《ほじょ》ダクトを用《もち》いて行《おこな》う。

2　ダクト内《ない》の風量《ふうりょう》は、ダクト内《ない》の風速《ふうそく》を測定《そくてい》して求《もと》める。

3　風量調整《ふうりょうちょうせい》は、給排気口《きゅうはいきこう》のシャッターや分岐部《ぶんきぶ》の風量調整《ふうりょうちょうせい》ダンパーを全閉《ぜんぺい》にした後《あと》に行《おこな》う。

4　風量調整《ふうりょうちょうせい》は、機器《きき》の試験成績表《しけんせいせきひょう》、ダクト図《ず》、風量計算書等《ふうりょうけいさんしょとう》を用《もち》いて行《おこな》う。

※問題番号《もんだいばんごう》No.39からNo.48までの10問題《もんだい》のうちから8問題《もんだい》を選択《せんたく》し、解答《かいとう》してください。

No.39

建設工事《けんせつこうじ》の作業所《さぎょうしょ》における安全衛生管理《あんぜんえいせいかんり》に関《かん》する記述《きじゅつ》のうち、「労働安全衛生法《ろうどうあんぜんえいせいほう》」上《じょう》、**誤《あやま》っているもの**はどれか。

1　事業者《じぎょうしゃ》は、労働者《ろうどうしゃ》の作業内容《さぎょうないよう》を変更《へんこう》したときは、当該労働者《とうがいろうどうしゃ》に対《たい》し、その従事《じゅうじ》する業務《ぎょうむ》に関《かん》する安全又《あんぜんまた》は衛生《えいせい》のための教育《きょういく》を行《おこな》わなければならない。

2　事業者《じぎょうしゃ》は、移動《いどう》はしごを使用《しよう》する場合《ばあい》、はしごの幅《はば》は30cm以上《いじょう》のものでなければ使用《しよう》してはならない。

3　事業者《じぎょうしゃ》は、酸素欠乏危険作業《さんそけつぼうきけんさぎょう》に労働者《ろうどうしゃ》を従事《じゅうじ》させる場合《ばあい》は、当該作《とうがいさ》業《ぎょう》を行《おこな》う場所《ばしょ》の空気中《くうきちゅう》の酸素《さんそ》の濃度《のうど》を15%以上《いじょう》に保《たも》つように換気《かんき》しなければならない。

4　事業者《じぎょうしゃ》は、可燃性《かねんせい》ガス及《およ》び酸素《さんそ》を用《もち》いて行《おこな》う金属《きんぞく》の溶接《ようせつ》、溶断又《ようだんまた》は加熱《かねつ》の業務《ぎょうむ》に使用《しよう》するガス等《とう》の容器《ようき》の温度《おんど》を40度以下《どいか》に保《たも》たなければならない。

No.40

労働者《ろうどうしゃ》に支払《しはら》う賃金《ちんぎん》に関《かん》する記述《きじゅつ》のうち、「労働基準法《ろうどうきじゅんほう》」上《じょう》、**誤《あやま》っているもの**はどれか。

1　出来高払制《できだかばらいせい》その他《た》の請負制《うけおいせい》で使用《しよう》する労働者《ろうどうしゃ》については、使用者《しようしゃ》は、労働時間《ろうどうじかん》に応《おう》じ一定額《いっていがく》の賃金《ちんぎん》の保障《ほしょう》をしなければならない。

2　賃金《ちんぎん》とは、賃金《ちんぎん》、給料《きゅうりょう》、手当等《てあてとう》、労働《ろうどう》の対償《たいしょう》として使用者《しようしゃ》が労働者《ろうどうしゃ》に支払《しはら》うものをいい、賞与《しょうよ》はこれに含《ふく》まれない。

3　未成年者《みせいねんしゃ》の親権者又《しんけんしゃまた》は後見人《こうけんにん》は、未成年者《みせいねんしゃ》の賃金《ちんぎん》を代《か》わって受《う》け取《と》ってはならない。

4　使用者《しようしゃ》は、労働者《ろうどうしゃ》が疾病《しっぺい》の費用《ひよう》に充《あ》てるために請求《せいきゅう》する場合《ばあい》においては、支払期日前《しはらいきじつまえ》であっても、既往《きおう》の労働《ろうどう》に対《たい》する賃金《ちんぎん》を支払《しはら》わなければならない。

解説▶別冊 p.17 ▶▶▶

No.41

建築物《けんちくぶつ》の用語《ようご》に関《かん》する記述《きじゅつ》のうち、「建築基準法《けんちくきじゅんほう》」上《じょう》、**誤《あやま》っているもの**はどれか。

1　娯楽《ごらく》のために継続的《けいぞくてき》に使用《しよう》する室《しつ》は、居室《きょしつ》ではない。
2　事務所《じむしょ》ビルの屋上《おくじょう》に設《もう》ける避雷針《ひらいしん》は、建築設備《けんちくせつび》である。
3　金属板《きんぞくばん》とガラスは、いずれも不燃材料《ふねんざいりょう》である。
4　主要構造部《しゅようこうぞうぶ》が耐火構造《たいかこうぞう》である建築物《けんちくぶつ》は、耐火建築物《たいかけんちくぶつ》である。

No.42

建築物《けんちくぶつ》に設《もう》ける配管設備《はいかんせつび》に関《かん》する記述《きじゅつ》のうち、「建築基準法《けんちくきじゅんほう》」上《じょう》、**誤《あやま》っているもの**はどれか。

1　給水《きゅうすい》立《た》て主管《しゅかん》から各階《かくかい》への分岐管等主要《ぶんきかんとうしゅよう》な分岐管《ぶんきかん》には、止水弁《しすいべん》を設《もう》ける。
2　雨水排水立《うすいはいすいた》て管《かん》は、汚水排水管若《おすいはいすいかんも》しくは通気管《つうきかん》と兼用《けんよう》してもよい。
3　飲料水《いんりょうすい》の配管設備《はいかんせつび》の水栓《すいせん》の開口部《かいこうぶ》は、流《なが》し台《だい》のあふれ面《めん》との垂直距《すいちょくきょ》離《り》を適当《てきとう》に保《たも》つ等有効《とうゆうこう》な水《みず》の逆流防止《ぎゃくりゅうぼうし》のための措置《そち》を講《こう》じる。
4　排水《はいすい》のための配管設備《はいかんせつび》の汚水《おすい》に接《せっ》する部分《ぶぶん》は、不浸透質《ふしんとうしつ》の耐水材料《たいすいざいりょう》で造《つく》る。

No.43

建設業者《けんせつぎょうしゃ》が請《う》け負《お》った管工事《かんこうじ》について、「建設業法《けんせつぎょうほう》」上《じょう》、当該《とうがい》工事現場《こうじげんば》に置《お》かなければならない主任技術者《しゅにんぎじゅつしゃ》の要件《ようけん》に、**該当《がいとう》しないもの**はどれか。

1　検定種目《けんていしゅもく》を管工事施工管理《かんこうじせこうかんり》とする2級技術検定《きゅうぎじゅつけんてい》の第二次検定《だいにじけんてい》に合格《ごうかく》した者《もの》
2　一級建築士免許《いっきゅうけんちくしめんきょ》の交付《こうふ》を受《う》けた者《もの》
3　管工事《かんこうじ》に関《かん》し10年以上《ねんいじょう》の実務経験《じつむけいけん》を有《ゆう》する者《もの》
4　建築設備士《けんちくせつびし》となった後《あと》、管工事《かんこうじ》に関《かん》し1年以上《ねんいじょう》の実務経験《じつむけいけん》を有《ゆう》する者《もの》

No.44

建設業《けんせつぎょう》の許可《きょか》を受《う》けた建設業者《けんせつぎょうしゃ》が、発注者《はっちゅうしゃ》から直接《ちょくせつ》請《う》け負《お》った建設工事《けんせつこうじ》の現場《げんば》に掲《かか》げる標識《ひょうしき》の記載事項《きさいじこう》として、「建設業法《けんせつぎょうほう》」上《じょう》、**定《さだ》められていないもの**はどれか。

1　一般建設業《いっぱんけんせつぎょう》又《また》は特定建設業《とくていけんせつぎょう》の別《べつ》

2　商号《しょうごう》又《また》は名称《めいしょう》

3　現場代理人《げんばだいりにん》の氏名《しめい》

4　代表者《だいひょうしゃ》の氏名《しめい》

No.45

屋内消火栓設備《おくないしょうかせんせつび》に関《かん》する記述《きじゅつ》のうち、「消防法《しょうぼうほう》」上《じょう》、**誤《あやま》っているもの**はどれか。

1　屋内消火栓箱《おくないしょうかせんばこ》の上部《じょうぶ》には、設置《せっち》の標示《ひょうじ》のために赤色《あかいろ》の灯火《とうか》を設《もう》ける。

2　加圧送水装置《かあつそうすいそうち》の始動《しどう》を明示《めいじ》する表示灯《ひょうじとう》は、屋内消火栓箱《おくないしょうかせんばこ》の内部《ないぶ》又《また》はその直近《ちょっきん》の箇所《かしょ》に設《もう》ける。

3　1号消火栓《ごうしょうかせん》の主配管《しゅはいかん》のうち、立上《たちあが》り管《かん》は、管《かん》の呼《よ》びで50mm以上《いじょう》のものとする。

4　1号消火栓以外《ごうしょうかせんいがい》の場合《ばあい》は、非常電源《ひじょうでんげん》の附置《ふち》は不要《ふよう》である。

No.46

業務用冷凍空調機器《ぎょうむようれいとうくうちょうきき》(カーエアコンを除《のぞ》く。)に関《かん》する記述《きじゅつ》のうち、第一種特定製品《だいいっしゅとくていせいひん》の管理者《かんりしゃ》がフロン類《るい》の管理《かんり》の適正化《てきせいか》のために取《と》り組《く》むべき事項《じこう》として、「フロン類《るい》の使用《しよう》の合理化《ごうりか》及《およ》び管理《かんり》の適正化《てきせいか》に関《かん》する法律《ほうりつ》」上《じょう》、**定《さだ》められていないもの**はどれか。

1　簡易点検《かんいてんけん》の実施《じっし》

2　点検《てんけん》及《およ》び整備《せいび》に係《かか》る記録簿《きろくぼ》の保存《ほぞん》

3　フロン類《るい》の再生《さいせい》の実施《じっし》

4　フロン類《るい》の漏《ろう》えいを確認《かくにん》した場合《ばあい》の漏《ろう》えいに係《かか》る点検《てんけん》及《およ》び漏《ろう》えい箇所《かしょ》の修理《しゅうり》

解説▶別冊 p.19 ▶▶▶

No.47 次《つぎ》の建築設備《けんちくせつび》のうち、「建築物《けんちくぶつ》のエネルギー消費性能《しょうひせいのう》の向上《こうじょう》に関《かん》する法律《ほうりつ》」上《じょう》、エネルギー消費性能《しょうひせいのう》の対象《たいしょう》として**規定《きてい》されていないもの**はどれか。

1　給湯設備《きゅうとうせつび》

2　昇降機《しょうこうき》

3　空気調和設備《くうきちょうわせつび》その他《た》の機械換気設備《きかいかんきせつび》

4　ガス設備《せつび》

No.48 産業廃棄物《さんぎょうはいきぶつ》の処理《しょり》に関《かん》する記述《きじゅつ》のうち、「廃棄物《はいきぶつ》の処理及《しょりおよ》び清《せい》掃《そう》に関《かん》する法律《ほうりつ》」上《じょう》、**誤《あやま》っているもの**はどれか。

1　事業者《じぎょうしゃ》は、産業廃棄物管理票《さんぎょうはいきぶつかんりひょう》を、産業廃棄物《さんぎょうはいきぶつ》の種類《しゅるい》にかかわらず、一括《いっかつ》して交付《こうふ》することができる。

2　廃《はい》エアコンディショナー（国内《こくない》における日常生活《にちじょうせいかつ》に伴《ともな》って生《しょう》じたものに限《かぎ》る。）に含《ふく》まれるポリ塩化《えんか》ビフェニルを使用《しよう》する部品《ぶひん》は、特別《とくべつ》管理一般廃棄物《かんりいっぱんはいきぶつ》である。

3　事業者《じぎょうしゃ》は、その事業活動《じぎょうかつどう》に伴《ともな》い生《しょう》じた産業廃棄物《さんぎょうはいきぶつ》の運搬《うんぱん》を委託《いたく》する場合《ばあい》、運搬先《うんぱんさき》が2以上《いじょう》である場合《ばあい》にあっては、運搬先《うんぱんさき》ごとに産業廃棄《さんぎょうはいき》物管理票《ぶつかんりひょう》を交付《こうふ》しなければならない。

4　建築物《けんちくぶつ》の改築《かいちく》に伴《ともな》い生《しょう》じた衛生陶器《えいせいとうき》の破片《はへん》は、産業廃棄物《さんぎょうはいきぶつ》として処《しょ》理《り》する。

※問題番号《もんだいばんごう》No.49からNo.52までの問題《もんだい》の正解《せいかい》は、1問《もん》について二《ふた》つです。
当該問題番号《とうがいもんだいばんごう》の解答記入欄《かいとうきにゅうらん》の正解《せいかい》と思《おも》う数字《すうじ》を二《ふた》つぬりつぶしてください。
1問《もん》について、一《ひと》つだけぬりつぶしたものや、三《みっ》つ以上《いじょう》ぬりつぶしたものは、正解《せいかい》となりません。

※問題番号《もんだいばんごう》No.49からNo.52までの４問題《もんだい》は必須問題《ひっすもんだい》です。全問題《ぜんもんだい》を解答《かいとう》してください。

No.49

工程表《こうていひょう》に関《かん》する記述《きじゅつ》のうち、**適当《てきとう》でないもの**はどれか。
適当《てきとう》でないものは二《ふた》つあるので、二《ふた》つとも答《こた》えなさい。

1　バーチャート工程表《こうていひょう》は、縦軸《たてじく》に作業名《さぎょうめい》、横軸《よこじく》に達成度《たっせいど》をとり、現在《げんざい》の進行状態《しんこうじょうたい》を棒《ぼう》グラフで表《あらわ》したものである。

2　ガントチャート工程表《こうていひょう》は、縦軸《たてじく》に作業名《さぎょうめい》、横軸《よこじく》に工期《こうき》をとったもので、各作業《かくさぎょう》の施工時期《せこうじき》や所要日数《しょようにっすう》が明確《めいかく》に表示《ひょうじ》される。

3　曲線式工程表《きょくせんしきこうていひょう》は、上方許容限界曲線《じょうほうきょようげんかいきょくせん》と下方許容限界曲線《かほうきょようげんかいきょくせん》とで囲《かこ》まれた形《かたち》からバナナ曲線《きょくせん》とも呼《よ》ばれている。

4　総合工程表《そうごうこうていひょう》には、諸官庁《しょかんちょう》への申請《しんせい》の時期《じき》や工事《こうじ》に影響《えいきょう》を与《あた》える主要《しゅよう》な事項《じこう》の日程《にってい》についても記載《きさい》する。

No.50

機器《きき》の据付《すえつ》けに関《かん》する記述《きじゅつ》のうち、**適当《てきとう》でないもの**はどれか。
適当《てきとう》でないものは二《ふた》つあるので、二《ふた》つとも答《こた》えなさい。

1　ポンプは、現場《げんば》にて電動機《でんどうき》との軸心《じくしん》に狂《くる》いのないことを確認《かくにん》する。

2　高《たか》さが2mを超《こ》える高置《こうち》タンクの昇降《しょうこう》タラップには、転落防止防護《てんらくぼうしぼうご》柵《さく》を設《もう》ける。

3　冷却塔《れいきゃくとう》は、補給水口《ほきゅうすいこう》の高《たか》さが高置《こうち》タンクの低水位《ていすいい》と同《おな》じ高《たか》さとなるように据《す》え付《つ》ける。

4　送風機《そうふうき》は、あらかじめ心出《しんだ》し調整《ちょうせい》されて出荷《しゅっか》されているので、現場《げんば》での調整《ちょうせい》は不要《ふよう》である。

解説▶別冊 p.21 ▶▶▶

No.51

配管《はいかん》の施工《せこう》に関《かん》する記述《きじゅつ》のうち、**適当《てきとう》でないもの**はどれか。

適当《てきとう》でないものは二《ふた》つあるので、二《ふた》つとも答《こた》えなさい。

1　飲料用冷水器《いんりょうようれいすいき》の排水管《はいすいかん》は、雑排水系統《ざつはいすいけいとう》の排水管《はいすいかん》に直接連結《ちょくせつれんけつ》する。

2　呼《よ》び径《けい》40以下《いか》の鋼管《こうかん》の場合《ばあい》、形鋼《かたこう》振《ふ》れ止《ど》め支持《しじ》は、原則《げんそく》として不要《ふよう》である。

3　汚水管《おすいかん》（大便器《だいべんき》）の最小管径《さいしょうかんけい》は、50mmとする。

4　冷媒用断熱材被覆銅管《れいばいようだんねつざいひふくどうかん》の接合《せつごう》には、フレア接合《せつごう》、差込接合等《さしこみせつごうとう》がある。

No.52

ダクト及《およ》びダクト附属品《ふぞくひん》の施工《せこう》に関《かん》する記述《きじゅつ》のうち、**適当《てきとう》でないもの**はどれか。

適当《てきとう》でないものは二《ふた》つあるので、二《ふた》つとも答《こた》えなさい。

1　隠《いん》ぺい部《ぶ》に防火《ぼうか》ダンパーを設置《せっち》する場合《ばあい》には、450mm × 450mm以《い》上《じょう》の点検口《てんけんこう》を設《もう》ける。

2　防火《ぼうか》ダンパーの温度《おんど》ヒューズの作動温度《さどうおんど》は、一般排気《いっぱんはいき》及《およ》び厨房排気《ちゅうぼうはいき》ともに72℃とする。

3　ダクトのアスペクト比《ひ》(長辺《ちょうへん》と短辺《たんぺん》の比《ひ》)は、原則《げんそく》として4以下《いか》とする。

4　長方形《ちょうほうけい》ダクトは、断面積《だんめんせき》が同《おな》じ場合《ばあい》、アスペクト比《ひ》を変《か》えても圧力《あつりょく》損失《そんしつ》は変《か》わらない。

2級管工事施工管理技術検定試験

令和5年度（前期）

第一次検定

■選択問題《せんたくもんだい》は、指定数《していすう》を超《こ》えて解答《かいとう》した場合《ばあい》、減点《げんてん》となります。

・問題番号《もんだいばんごう》No.1からNo.6までの6問題《もんだい》は必須問題《ひっすもんだい》です。全問題《ぜんもんだい》を解《かい》答《とう》してください。

・問題番号《もんだいばんごう》No.7からNo.23までの17問題《もんだい》のうちから9問題《もんだい》を選択《せんたく》し、解答《かいとう》してください。

・問題番号《もんだいばんごう》No.24からNo.28までの5問題《もんだい》は必須問題《ひっすもんだい》です。全問題《ぜんもんだい》を解答《かいとう》してください。

・問題番号《もんだいばんごう》No.29からNo.38までの10問題《もんだい》のうちから8問題《もんだい》を選択《せんたく》し、解答《かいとう》してください。

・問題番号《もんだいばんごう》No.39からNo.48までの10問題《もんだい》のうちから8問題《もんだい》を選択《せんたく》し、解答《かいとう》してください。

・問題番号《もんだいばんごう》No.49からNo.52までの4問題《もんだい》は、施工管理法《せこうかんりほう》(基礎的《きそてき》な能《のう》力《りょく》)の問題《もんだい》で、必須問題《ひっすもんだい》です。全問題《ぜんもんだい》を解答《かいとう》してください。

◆第一次検定結果データ◆

受検者数	5,706人
合格者数	3,361人
合格率	58.9%

合格基準	24問以上

別冊p.178～179に解答用紙がありますので，コピーしてお使いください。

令和5年度　前期

2級 管工事施工管理技術検定

第一次検定問題

※問題番号《もんだいばんごう》No.1からNo.48までの問題《もんだい》の正解《せいかい》は、1問《もん》について一《ひと》つです。
当該問題番号《とうがいもんだいばんごう》の解答記入欄《かいとうきにゅうらん》の正解《せいかい》と思《おも》う数字《すうじ》を一《ひと》つぬりつぶしてください。
1問《もん》について、二《ふた》つ以上《いじょう》ぬりつぶしたものは、正解《せいかい》となりません。

※問題番号《もんだいばんごう》No.1からNo.6までの6問題《もんだい》は必須問題《ひっすもんだい》です。全問題《ぜんもんだい》を解《かい》答《とう》してください。

No. 1　次《つぎ》の指標《しひょう》のうち、空気環境《くうきかんきょう》と**関係《かんけい》のないもの**はどれか。

1　平均放射温度《へいきんほうしゃおんど》
2　予想平均申告《よそうへいきんしんこく》（PMV）
3　浮遊物質《ふゆうぶっしつ》（SS）
4　不快指数《ふかいしすう》

No. 2　水《みず》に関《かん》する記述《きじゅつ》のうち、**適当《てきとう》でないもの**はどれか。

1　1気圧《きあつ》のもとで水《みず》の密度《みつど》は、0℃のときに最大《さいだい》となる。
2　1気圧《きあつ》のとき、水《みず》に対《たい》する空気《くうき》の溶解度《ようかいど》は、温度《おんど》の上昇《じょうしょう》とともに減《げん》少《しょう》する。
3　1気圧《きあつ》のもとで1kgの水《みず》の温度《おんど》を1℃上昇《じょうしょう》させるために必要《ひつよう》な熱量《ねつりょう》は、約《やく》4.2kJである。
4　1気圧《きあつ》のとき、沸点《ふってん》は約《やく》100℃であるが、気圧《きあつ》が下《さ》がると沸点《ふってん》も下《さ》がる。

No. 3

流体《りゅうたい》に関《かん》する用語《ようご》の組合《くみあわ》せのうち、**関係《かんけい》のないもの**はどれか。

1　粘性係数《ねんせいけいすう》 ―――――― 摩擦応力《まさつおうりょく》

2　パスカルの原理《げんり》 ―――――― 圧力《あつりょく》

3　ベンチュリー管《かん》 ―――――― 流量計測《りゅうりょうけいそく》

4　ダルシー・ワイスバッハの式《しき》 ―――――― 表面張力《ひょうめんちょうりょく》

No. 4

熱《ねつ》に関《かん》する記述《きじゅつ》のうち、**適当《てきとう》でないもの**はどれか。

1　気体《きたい》を断熱圧縮《だんねつあっしゅく》すると温度《おんど》は上《あ》がる。

2　温度変化《おんどへんか》を伴《ともな》わず、相変化《そうへんか》するときに必要《ひつよう》な熱《ねつ》は顕熱《けんねつ》である。

3　相変化《そうへんか》には、融解《ゆうかい》、凝固《ぎょうこ》、気化《きか》、液化《えきか》、昇華等《しょうかとう》がある。

4　熱伝導率《ねつでんどうりつ》は、一般的《いっぱんてき》に、気体《きたい》は小《ちい》さく、金属《きんぞく》は大《おお》きい。

No. 5

電気設備《でんきせつび》に関《かん》する「機器又《ききまた》は方式《ほうしき》」と「特徴《とくちょう》」の組合《くみあわ》せのうち、**適当《てきとう》でないもの**はどれか。

［機器又《ききまた》は方式《ほうしき》］　　　　［特徴《とくちょう》］

1　全電圧始動方式《ぜんでんあつしどうほうしき》 ―――――― 始動時《しどうじ》のトルクを制御《せいぎょ》できる

2　3Eリレー ―――――― 回路《かいろ》の反相《はんそう》を保護《ほご》できる

3　進相《しんそう》コンデンサ ―――――― 回路《かいろ》の力率《りきりつ》を改善《かいぜん》できる

4　スターデルタ始動方式《しどうほうしき》 ―――――― 始動時《しどうじ》の電流《でんりゅう》を抑制《よくせい》できる

解説▶別冊 p.25 ▶▶▶

No. 6 鉄筋《てっきん》コンクリート造《ぞう》の建築物《けんちくぶつ》の鉄筋《てっきん》に関《かん》する記述《きじゅつ》のうち、**適当《てきとう》でないもの**はどれか。

1 鉄筋相互《てっきんそうご》のあきの最小寸法《さいしょうすんぽう》は、鉄筋《てっきん》の強度《きょうど》によって決《き》まる。

2 帯筋《おびきん》は、柱《はしら》のせん断力《だんりょく》に対《たい》する補強筋《ほきょうきん》である。

3 鉄筋《てっきん》の折曲《おりま》げ加工《かこう》は、鋼材《こうざい》の品質《ひんしつ》が劣化《れっか》しないよう常温《じょうおん》で行《おこな》う。

4 鉄筋《てっきん》の継手《つぎて》は、1か所《しょ》に集中《しゅうちゅう》させず相互《そうご》にずらして設《もう》ける。

※問題番号《もんだいばんごう》No.7からNo.23までの17問題《もんだい》のうちから9問題《もんだい》を選択《せんたく》し、解答《かいとう》してください。

No. 7 下図《かず》に示《しめ》す冷房時《れいぼうじ》の湿《しめ》り空気線図《くうきせんず》に関《かん》する記述《きじゅつ》のうち、**適当《てきとう》でないもの**はどれか。

ただし、空気調和方式《くうきちょうわほうしき》は定風量単一《ていふうりょうたんいつ》ダクト方式《ほうしき》とする。

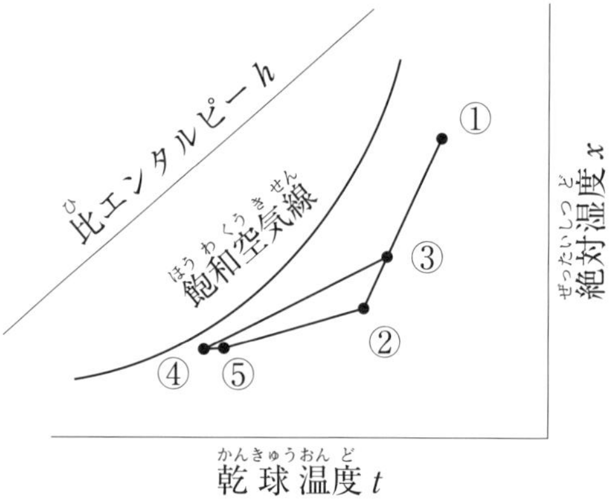

1 ⑤から②は、顕熱比《けんねつひ》の状態線上《じょうたいせんじょう》を移動《いどう》する。

2 空気調和機《くうきちょうわき》コイル出口空気《でぐちくうき》の状態点《じょうたいてん》は、④である。

3 ②から③は、室内《しつない》での状態変化《じょうたいへんか》である。

4 コイルの冷却負荷《れいきゃくふか》は、③と④の比《ひ》エンタルピー差《さ》から求《もと》められる。

No.8

定風量単一《ていふうりょうたんいつ》ダクト方式《ほうしき》に関《かん》する記述《きじゅつ》のうち、**適当《てきとう》でないもの**はどれか。

1　各室《かくしつ》ごとの温度制御《おんどせいぎょ》が容易《ようい》である。

2　送風量《そうふうりょう》を一定《いってい》にして送風温度《そうふうおんど》を変化《へんか》させる。

3　空気調和機《くうきちょうわき》は、一般的《いっぱんてき》に、機械室《きかいしつ》に設置《せっち》されているため維持管理《いじかんり》が容易《ようい》である。

4　送風量《そうふうりょう》が多《おお》いため、室内《しつない》の清浄度《せいじょうど》を保《たも》ちやすい。

No.9

冷房負荷計算《れいぼうふかけいさん》に関《かん》する記述《きじゅつ》のうち、**適当《てきとう》でないもの**はどれか。

1　OA機器《きき》による熱負荷《ねつふか》は、顕熱《けんねつ》のみである。

2　ガラス面《めん》からの熱負荷《ねつふか》は、ガラス面《めん》を透過《とうか》した日射《にっしゃ》による負荷《ふか》のみとする。

3　人体《じんたい》による熱負荷《ねつふか》は、顕熱《けんねつ》と潜熱《せんねつ》である。

4　一般的《いっぱんてき》に、9時《じ》、12時《じ》、14時及《じおよ》び16時《じ》における熱負荷《ねつふか》を計算《けいさん》する。

No.10

空気清浄装置《くうきせいじょうそうち》に関《かん》する記述《きじゅつ》のうち、**適当《てきとう》でないもの**はどれか。

1　ろ過式《かしき》のろ材《ざい》は、難燃性又《なんねんせいまた》は不燃性《ふねんせい》のものとする。

2　性能《せいのう》は、定格風量《ていかくふうりょう》における圧力損失《あつりょくそんしつ》、汚染除去率《おせんじょきょりつ》、汚染除去容量等《おせんじょきょようりょうとう》で示《しめ》す。

3　ろ過式《かしき》のろ材《ざい》は、吸湿性《きゅうしつせい》が高《たか》いものとする。

4　静電式《せいでんしき》は、高電圧《こうでんあつ》を使《つか》い粉《ふん》じんを帯電《たいでん》させて捕集《ほしゅう》する。

No.11

暖房設備《だんぼうせつび》に関《かん》する記述《きじゅつ》のうち、**適当《てきとう》でないもの**はどれか。

1　温水暖房《おんすいだんぼう》は、温水《おんすい》の顕熱《けんねつ》を利用《りよう》している。

2　蒸気暖房《じょうきだんぼう》は、温水暖房《おんすいだんぼう》に比《くら》べて制御性《せいぎょせい》が良《よ》い。

3　蒸気暖房《じょうきだんぼう》のウォーミングアップにかかる時間《じかん》は、温水暖房《おんすいだんぼう》に比《くら》べて短《みじか》い。

4　温水暖房《おんすいだんぼう》に使用《しよう》する温水《おんすい》の温度《おんど》は、一般的《いっぱんてき》に、50～60℃とする。

解説▶別冊 p.27 ▶▶▶

No.12 吸収冷温水機《きゅうしゅうれいおんすいき》に関《かん》する記述《きじゅつ》のうち、**適当《てきとう》でないもの**はどれか。

1　冷房時《れいぼうじ》にもガスや油《あぶら》をバーナーで燃焼《ねんしょう》させる必要《ひつよう》がある。

2　圧縮式冷凍機《あっしゅくしきれいとうき》に比《くら》べて機器《きき》の立上《たちあ》がり時間《じかん》が短《みじか》い。

3　機内《きない》を大気圧以下《たいきあついか》に保《たも》つ必要《ひつよう》がある。

4　吸収液《きゅうしゅうえき》には臭化《しゅうか》リチウムが用《もち》いられる。

No.13 機械換気《きかいかんき》に関《かん》する記述《きじゅつ》のうち、**適当《てきとう》でないもの**はどれか。

1　ガスコンロの換気《かんき》は、所定《しょてい》の排気《はいき》フードを設《もう》けることにより換気量《かんきりょう》を低減《ていげん》することができる。

2　臭気《しゅうき》、燃焼《ねんしょう》ガス等《とう》の汚染源《おせんげん》の異《こと》なる換気《かんき》は、各々独立《おのおのどくりつ》した換気系統《かんきけいとう》とする。

3　排風機《はいふうき》は、吸込《すいこ》み側《がわ》のダクトが短《みじか》く、吐出《はきだ》し側《がわ》のダクトが長《なが》くなるように設置《せっち》する。

4　便所《べんじょ》は、室内《しつない》の臭気《しゅうき》を拡散《かくさん》させないよう、第三種機械換気方式《だいさんしゅきかいかんきほうしき》とする。

No.14 換気《かんき》の「対象《たいしょう》となる室《しつ》」と「換気《かんき》の必要《ひつよう》な主《おも》な要因《よういん》」の組合《くみあわ》せのうち、**適当《てきとう》でないもの**はどれか。

	[対象《たいしょう》となる室《しつ》]	[換気《かんき》の必要《ひつよう》な主《おも》な要因《よういん》]
1	浴室《よくしつ》	水蒸気《すいじょうき》
2	車庫《しゃこ》	有害《ゆうがい》ガス
3	エレベーター機械室《きかいしつ》	熱《ねつ》
4	ポンプ室《しつ》	酸素供給《さんそきょうきゅう》

No.15 上水道《じょうすいどう》に関《かん》する記述《きじゅつ》のうち、**適当《てきとう》でないもの**はどれか。

1 硬質《こうしつ》ポリ塩化《えんか》ビニル管《かん》に分水栓《ぶんすいせん》を取《と》り付《つ》ける場合《ばあい》は、管《かん》の折損防止《せっそんぼうし》のため、サドル付《つき》を使用《しよう》する。

2 水道水《すいどうすい》の水質基準《すいしつきじゅん》では、色度《しきど》は5度以下《どいか》と定《さだ》められている。

3 簡易専用水道《かんいせんようすいどう》とは、水道事業者《すいどうじぎょうしゃ》から供給《きょうきゅう》を受《う》ける水《みず》のみを水源《すいげん》とし、水《みず》の供給《きょうきゅう》を受《う》ける水槽《すいそう》の有効容量《ゆうこうようりょう》の合計《ごうけい》が5m³を超えるものをいう。

4 配水管《はいすいかん》の試験《しけん》は、原則《げんそく》として空気圧《くうきあつ》による試験《しけん》は行《おこな》わない。

No.16 下水道《げすいどう》に関《かん》する記述《きじゅつ》のうち、**適当《てきとう》でないもの**はどれか。

1 都市下水路《としげすいろ》は、地方公共団体《ちほうこうきょうだんたい》が管理《かんり》するもので、公共下水道《こうきょうげすいどう》を含《ふく》んでいる。

2 汚水管《おすいかん》きょの流速《りゅうそく》は、0.6～3.0m/sとする。

3 合流管《ごうりゅうかん》きょの計画下水量《けいかくげすいりょう》は、計画時間最大汚水量《けいかくじかんさいだいおすいりょう》に計画雨水量《けいかくうすいりょう》を加《くわ》えたものとする。

4 下水道本管《げすいどうほんかん》に接続《せつぞく》する取付管《とりつけかん》の最小管径《さいしょうかんけい》は、150mmを標準《ひょうじゅん》とする。

No.17 給水設備《きゅうすいせつび》に関《かん》する記述《きじゅつ》のうち、**適当《てきとう》でないもの**はどれか。

1 給水量《きゅうすいりょう》の算定《さんてい》に用《もち》いられる器具給水負荷単位《きぐきゅうすいふかたんい》による方法《ほうほう》では、給水《きゅうすい》管《かん》が受《う》け持《も》つ器具給水負荷単位《きぐきゅうすいふかたんい》の総和《そうわ》から、瞬時最大給水流量《しゅんじさいだいきゅうすいりゅうりょう》を求《もと》める。

2 受水《じゅすい》タンクの吐水側配管《とすいがわはいかん》に取《と》り付《つ》ける緊急遮断弁《きんきゅうしゃだんべん》は、受水《じゅすい》タンク内《ない》の残留塩素《ざんりゅうえんそ》が規定値以下《きていちいか》となる場合《ばあい》に給水《きゅうすい》を遮断《しゃだん》する目的《もくてき》で設置《せっち》される。

3 大気圧式《たいきあつしき》バキュームブレーカーは、大便器洗浄弁等《だいべんきせんじょうべんとう》と組《く》み合《あ》わせて使用《しよう》される。

4 飲料用給水《いんりょうようきゅうすい》タンクには、直径《ちょっけい》60cm以上《いじょう》の円《えん》が内接《ないせつ》するマンホールを設《もう》ける。

解説▶別冊 p.28 ▶▶▶

No.18 給湯設備《きゅうとうせつび》に関《かん》する記述《きじゅつ》のうち、**適当《てきとう》でないもの**はどれか。

1　給湯配管《きゅうとうはいかん》には、水道用硬質塩化《すいどうようこうしつえんか》ビニルライニング鋼管《こうかん》を使用《しよう》する。

2　給湯配管《きゅうとうはいかん》をコンクリート内《ない》に敷設《ふせつ》する場合《ばあい》は、熱《ねつ》による伸縮《しんしゅく》で配管《はいかん》が破断《はだん》しないように保温材等《ほおんざいとう》をクッション材《ざい》として機能《きのう》させる。

3　ヒートポンプ給湯機《きゅうとうき》は、大気中《たいきちゅう》の熱《ねつ》エネルギーを給湯《きゅうとう》の加熱《かねつ》に利用《りよう》するものである。

4　ガス瞬間湯沸器《しゅんかんゆわかしき》の先止《さきど》め式《しき》とは、給湯先《きゅうとうさき》の湯栓《ゆせん》の開閉《かいへい》により、バーナーが着火《ちゃっか》・消火《しょうか》する方式《ほうしき》をいう。

No.19 排水《はいすい》・通気設備《つうきせつび》に関《かん》する記述《きじゅつ》のうち、**適当《てきとう》でないもの**はどれか。

1　排水横枝管《はいすいよこえだかん》からのループ通気管《つうきかん》は、通気立《つうきた》て管又《かんまた》は伸頂通気管《しんちょうつうきかん》に接続《せつぞく》するか大気《たいき》に開放《かいほう》する。

2　グリース阻集器《そしゅうき》は、排水中《はいすいちゅう》に含《ふく》まれている油脂分《ゆしぶん》を除去《じょきょ》する。

3　排水《はいすい》トラップのディップとは、封水《ふうすい》のあふれ面《めん》のことをいう。

4　通気弁《つうきべん》をパイプシャフトや屋根裏等《やねうらとう》に設置《せっち》する場合《ばあい》は、点検口《てんけんこう》を設《もう》ける。

No.20 排水《はいすい》・通気設備《つうきせつび》に関《かん》する記述《きじゅつ》のうち、**適当《てきとう》でないもの**はどれか。

1　各個通気方式《かっこつうきほうしき》は、誘導《ゆうどう》サイホン作用及《さようおよ》び自己《じこ》サイホン作用《さよう》の防止《ぼうし》に有効《ゆうこう》である。

2　通気立《つうきた》て管《かん》の下部《かぶ》は、最低位《さいていい》の排水横枝管《はいすいよこえだかん》より高《たか》い位置《いち》で排水立《はいすいた》て管《かん》に接続《せつぞく》する。

3　排水《はいすい》ますは、屋外排水管《おくがいはいすいかん》の直進距離《ちょくしんきょり》が管径《かんけい》の120倍《ばい》を超《こ》えない範囲《はんい》で設《もう》ける。

4　排水管《はいすいかん》に設《もう》ける通気管《つうきかん》の最小管径《さいしょうかんけい》は、30mmとする。

No.21 屋内消火栓《おくないしょうかせん》設備《せつび》に関《かん》する記述《きじゅつ》のうち、**適当《てきとう》でないもの**はどれか。

1　2号消火栓《ごうしょうかせん》（広範囲型《こうはんいがた》を除《のぞ》く。）は、防火対象物《ぼうかたいしょうぶつ》の階《かい》ごとに、その階《かい》の各部分《かくぶぶん》からホース接続口《せつぞくぐち》までの水平距離《すいへいきょり》が20m以下《いか》となるようにする。

2　屋内消火栓《おくないしょうかせん》の加圧送水装置《かあつそうすいそうち》は、直接操作《ちょくせつそうさ》によってのみ停止《ていし》できるものとする。

3　1号消火栓《ごうしょうかせん》は、防火対象物《ぼうかたいしょうぶつ》の階《かい》ごとに、その階《かい》の各部分《かくぶぶん》からホース接続口《せつぞくぐち》までの水平距離《すいへいきょり》が25m以下《いか》となるようにする。

4　屋内消火栓《おくないしょうかせん》の開閉弁《かいへいべん》の位置《いち》は、自動式《じどうしき》のものでない場合《ばあい》、床面《ゆかめん》からの高《たか》さを1.5m以下《いか》とする。

No.22 ガス設備《せつび》に関《かん》する記述《きじゅつ》のうち、**適当《てきとう》でないもの**はどれか。

1　内容積《ないようせき》が20L以上《いじょう》の液化石油《えきかせきゆ》ガス（LPG）容器《ようき》は、原則《げんそく》として、通風《つうふう》の良《よ》い屋外《おくがい》に置《お》く。

2　開放式《かいほうしき》ガス機器《きき》とは、燃焼用《ねんしょうよう》の空気《くうき》を屋内《おくない》から取《と》り、燃焼排《ねんしょうはい》ガスを排気筒《はいきとう》により屋外《おくがい》に排気《はいき》する方式《ほうしき》をいう。

3　液化石油《えきかせきゆ》ガス（LPG）は、常温《じょうおん》・常圧《じょうあつ》では気体《きたい》であるものに加圧等《かあつとう》を行《おこな》い液化《えきか》させたものである。

4　マイコンガスメーターは、供給圧力《きょうきゅうあつりょく》が0.2kPaを下回《したまわ》っていることを継続《けいぞく》して検知《けんち》した場合等《ばあいとう》に、供給《きょうきゅう》を遮断《しゃだん》する機能《きのう》をもつ。

No.23 FRP製浄化槽《せいじょうかそう》の施工《せこう》に関《かん》する記述《きじゅつ》のうち、**適当《てきとう》でないもの**はどれか。

1　槽《そう》が複数《ふくすう》に分《わ》かれている場合《ばあい》、基礎《きそ》は一体《いったい》の共通基礎《きょうつうきそ》とする。

2　槽本体《そうほんたい》のマンホールのかさ上《あ》げ高《たか》さは、最大《さいだい》300mmまでとする。

3　槽《そう》は、満水状態《まんすいじょうたい》にして24時間放置《じかんほうち》し、漏水《ろうすい》のないことを確認《かくにん》する。

4　埋戻《うめもど》しは、槽内《そうない》に水《みず》を張《は》る前《まえ》に、良質土《りょうしつど》を用《もち》い均等《きんとう》に突《つ》き固《かた》める。

解説▶別冊 p.31 ▶▶▶

※問題番号《もんだいばんごう》No.24からNo.28までの5問題《もんだい》は必須問題《ひっすもんだい》です。全問題《ぜんもんだい》を解答《かいとう》してください。

No.24

設備機器《せつびきき》に関《かん》する記述《きじゅつ》のうち、**適当《てきとう》でないもの**はどれか。

1　大便器《だいべんき》、小便器《しょうべんき》、洗面器等《せんめんきとう》の衛生器具《えいせいきぐ》には、陶器以外《とうきいがい》にも、ほうろう、ステンレス、プラスチック等《とう》のものがある。

2　インバータ方式《ほうしき》のパッケージ形空気調和機《がたくうきちょうわき》は、電源《でんげん》の周波数《しゅうはすう》を変《か》えることで電動機《でんどうき》の回転数《かいてんすう》を変化《へんか》させ、冷暖房能力《れいだんぼうのうりょく》を制御《せいぎょ》する。

3　温水《おんすい》ボイラーの容量《ようりょう》は、定格出力《ていかくしゅつりょく》〔W〕で表《あらわ》す。

4　遠心《えんしん》ポンプの特性曲線《とくせいきょくせん》では、吐出《はきだ》し量《りょう》の増加《ぞうか》に伴《ともな》い全揚程《ぜんようてい》も増加《ぞうか》する。

No.25

水中《すいちゅう》モーターポンプに関《かん》する記述《きじゅつ》のうち、**適当《てきとう》でないもの**はどれか。

1　水中《すいちゅう》モーターポンプの乾式《かんしき》は、水《みず》が内部《ないぶ》に浸入《しんにゅう》しないよう空気又《くうきまた》はその他《た》の気体《きたい》を充満密封《じゅうまんみっぷう》したものである。

2　汚水《おすい》や厨房排水《ちゅうぼうはいすい》のような浮遊物質《ふゆうぶっしつ》を含《ふく》む排水槽《はいすいそう》では、電極棒《でんきょくぼう》により自動運転《じどううんてん》する。

3　羽根車《はねぐるま》の種類《しゅるい》は、一般的《いっぱんてき》に、オープン形《がた》とクローズ形《がた》に分類《ぶんるい》される。

4　汚物用水中《おぶつようすいちゅう》モーターポンプは、浄化槽《じょうかそう》への流入水等《りゅうにゅうすいとう》、固形物《こけいぶつ》も含《ふく》んだ水《みず》を排出《はいしゅつ》するためのポンプである。

No.26

配管材料及《はいかんざいりょうおよ》び配管附属品《はいかんふぞくひん》に関《かん》する記述《きじゅつ》のうち、**適当《てきとう》でないもの**はどれか。

1　水道用硬質塩化《すいどうようこうしつえんか》ビニルライニング鋼管《こうかん》のうちSGP-VDは、配管用炭《はいかんようたん》素鋼鋼管《そこうこうかん》（黒《くろ》）の内面《ないめん》と外面《がいめん》に硬質《こうしつ》ポリ塩化《えんか》ビニルをライニングしたものである。

2　ストレーナーは、配管中《はいかんちゅう》のゴミ等《とう》を取《と》り除《のぞ》き、弁類《べんるい》や機器類《ききるい》の損傷《そんしょう》を防《ふせ》ぐ目的《もくてき》で使用《しよう》される。

3　一般配管用《いっぱんはいかんよう》ステンレス鋼鋼管《こうこうかん》は、給水《きゅうすい》、給湯《きゅうとう》、冷温水《れいおんすい》、冷却水等《れいきゃくすいとう》に使用《しよう》される。

4　ボール弁《べん》は、逆流《ぎゃくりゅう》を防止《ぼうし》する弁《べん》であり、流体《りゅうたい》の流《なが》れ方向《ほうこう》を一定《いってい》に保《たも》つことができる。

No.27

ダクト及《およ》びダクト附属品《ふぞくひん》に関《かん》する記述《きじゅつ》のうち、**適当《てきとう》でないもの**はどれか。

1　シーリングディフューザーは、誘引作用《ゆういんさよう》が大《おお》きく、気流拡散《きりゅうかくさん》に優《すぐ》れている。

2　ユニバーサル形吹出口《がたふきだしぐち》は、羽根《はね》が垂直《すいちょく》のＶ形《がた》、水平《すいへい》のＨ形《がた》、垂直《すいちょく》・水平《すいへい》のVH形等《がたとう》がある。

3　ノズル形吹出口《がたふきだしぐち》は気流《きりゅう》の到達距離《とうたつきょり》が長《なが》く、大空間《だいくうかん》の壁面吹出口《へきめんふきだしぐち》や天《てん》井面吹出口《じょうめんふきだしぐち》として使用《しよう》される。

4　吹出口《ふきだしぐち》とダクトの接続《せつぞく》には、たわみ継手《つぎて》を使用《しよう》する。

No.28

「設備機器《せつびきき》」と「設計図書《せっけいとしょ》に記載《きさい》する項目《こうもく》」の組合《くみあわ》せのうち、**適当《てきとう》でないもの**はどれか。

	［設備機器《せつびきき》］	［設計図書《せっけいとしょ》に記載《きさい》する項目《こうもく》］
1	ボイラー ――	最高使用圧力《さいこうしようあつりょく》
2	吸収冷温水機《きゅうしゅうれいおんすいき》 ――	冷却水量《れいきゃくすいりょう》
3	空気清浄装置《くうきせいじょうそうち》 ――	騒音値《そうおんち》
4	換気扇《かんきせん》 ――	羽根径《はねけい》

解説▶別冊 p.33 ▶▶▶

※問題番号《もんだいばんごう》No.29からNo.38までの10問題《もんだい》のうちから8問題《もんだい》を選択《せんたく》し、解答《かいとう》してください。

No.29 工事着工前《こうじちゃっこうまえ》に確認《かくにん》すべき事項《じこう》として、**適当《てきとう》でないもの**はどれか。

1 契約図書《けいやくとしょ》により、工事《こうじ》の内容《ないよう》や工事範囲《こうじはんい》、工事区分《こうじくぶん》を確認《かくにん》する。
2 試験成績表《しけんせいせきひょう》により、すべての機器《きき》の能力《のうりょく》や仕様《しよう》を確認《かくにん》する。
3 工事《こうじ》の施工《せこう》に伴《ともな》って必要《ひつよう》となる官公庁《かんこうちょう》への届出《とどけで》や許可申請《きょかしんせい》を確認《かくにん》する。
4 工事敷地周辺《こうじしきちしゅうへん》の道路関係《どうろかんけい》、交通事情《こうつうじじょう》、近隣《きんりん》との関係等《かんけいとう》について現地《げんち》の状況《じょうきょう》を確認《かくにん》する。

No.30 下図《かず》に示《しめ》すネットワーク工程表《こうていひょう》において、クリティカルパスの所要日数《しょようにっすう》として、**適当《てきとう》なもの**はどれか。
ただし、図中《ずちゅう》のイベント間《かん》のＡ～Ｈは作業内容《さぎょうないよう》、日数《にっすう》は作業日《さぎょうにっ》数《すう》を表《あらわ》す。

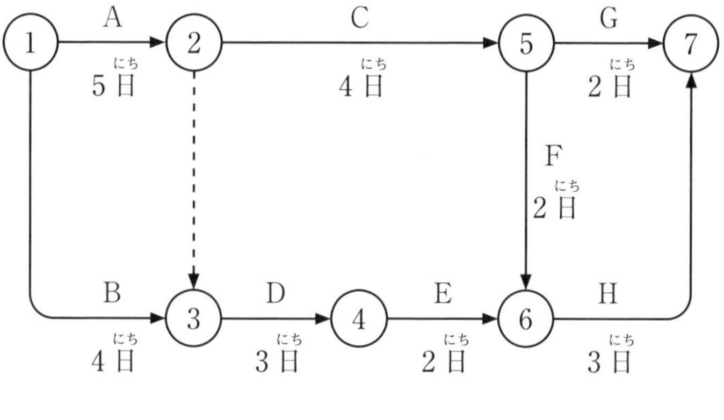

1 11日《にち》
2 12日《にち》
3 13日《にち》
4 14日《にち》

No.31

次《つぎ》の確認項目《かくにんこうもく》のうち、抜取検査《ぬきとりけんさ》を行《おこな》うものとして、**適当《てきとう》でないもの**はどれか。

1　ダクトの吊《つ》り間隔《かんかく》

2　防火《ぼうか》ダンパー用温度《ようおんど》ヒューズの作動試験《さどうしけん》

3　埋設排水管《まいせつはいすいかん》の勾配《こうばい》

4　コンクリートの強度試験《きょうどしけん》

No.32

建設工事《けんせつこうじ》における安全管理《あんぜんかんり》に関《かん》する記述《きじゅつ》のうち、**適当《てきとう》でないもの**はどれか。

1　脚立《きゃたつ》の脚《あし》と水平面《すいへいめん》との角度《かくど》は、75度以下《どいか》とする。

2　天板高《てんばんたか》さ70cm以上《いじょう》の可搬式作業台《かはんしきさぎょうだい》には、手掛《てが》かり棒《ぼう》を設置《せっち》することが望《のぞ》ましい。

3　建設工事《けんせつこうじ》の死亡災害《しぼうさいがい》は、全産業《ぜんさんぎょう》の約《やく》1割《わり》を占《し》め、墜落《ついらく》・転落《てんらく》による事故《じこ》が多《おお》い。

4　折《お》りたたみ式《しき》の脚立《きゃたつ》は、脚《あし》と水平面《すいへいめん》との角度《かくど》を確実《かくじつ》に保《たも》つための金具等《かなぐとう》を備《そな》えたものとする。

No.33

機器《きき》の据付《すえつ》けに関《かん》する記述《きじゅつ》のうち、**適当《てきとう》でないもの**はどれか。

1　防振装置付《ぼうしんそうちつ》きの機器《きき》や地震力《じしんりょく》が大《おお》きくなる重量機器《じゅうりょうきき》は、可能《かのう》な限《かぎ》り高層階《こうそうかい》に設置《せっち》する。

2　送風機《そうふうき》は、レベルを水準器《すいじゅんき》で確認《かくにん》し、水平《すいへい》が出《で》ていない場合《ばあい》には基礎《きそ》と共通架台《きょうつうかだい》の間《あいだ》にライナーを入《い》れて調整《ちょうせい》する。

3　冷凍機《れいとうき》を据《す》え付《つ》ける場合《ばあい》は、凝縮器《ぎょうしゅくき》のチューブ引出《ひきだ》しのための有効《ゆうこう》な空間《くうかん》を確保《かくほ》する。

4　パッケージ形空気調和機《がたくうきちょうわき》を据《す》え付《つ》けた場合《ばあい》、冷媒名又《れいばいめいまた》はその記号及《きごうおよ》び冷媒封入量《れいばいふうにゅうりょう》を表示《ひょうじ》する。

解説▶別冊 p.36 ▶▶▶

No.34 配管及《はいかんおよ》び配管附属品《はいかんふぞくひん》の施工《せこう》に関《かん》する記述《きじゅつ》のうち、**適当《てきとう》でないもの**はどれか。

1　地中埋設配管《ちちゅうまいせつはいかん》で給水管《きゅうすいかん》と排水管《はいすいかん》が交差《こうさ》する場合《ばあい》には、給水管《きゅうすいかん》を排水《はいすい》管《かん》より上方《じょうほう》に埋設《まいせつ》する。

2　絶縁《ぜつえん》フランジ接合《せつごう》は、鋼管《こうかん》とステンレス鋼管《こうかん》を接続《せつぞく》する場合等《ばあいとう》に用《もち》いられる。

3　給水管《きゅうすいかん》を地中埋設配管《ちちゅうまいせつはいかん》にて建物内《たてものない》へ引《ひ》き込《こ》む部分《ぶぶん》には、防振継手《ぼうしんつぎて》を設《もう》ける。

4　排水管《はいすいかん》の満水試験《まんすいしけん》の保持時間《ほじじかん》は、最小《さいしょう》30分《ぷん》とする。

No.35 ダクト及《およ》びダクト附属品《ふぞくひん》の施工《せこう》に関《かん》する記述《きじゅつ》のうち、**適当《てきとう》でないもの**はどれか。

1　変風量《へんふうりょう》（VAV）ユニットを天井内《てんじょうない》に設《もう》ける場合《ばあい》は、制御部《せいぎょぶ》を点検《てんけん》できるようにする。

2　フレキシブルダクトを使用《しよう》する場合《ばあい》は、有効断面《ゆうこうだんめん》を損《そこ》なわないよう施工《せこう》する必要《ひつよう》がある。

3　厨房《ちゅうぼう》の排気《はいき》は、油等《あぶらとう》が含《ふく》まれるため、ダクトの継目及《つぎめおよ》び継手《つぎて》にシールを施《ほどこ》す。

4　コーナーボルト工法《こうほう》は、フランジ押《おさ》え金具《かなぐ》で接合《せつごう》するので、ボルト・ナットを必要《ひつよう》としない。

No.36 保温及《ほおんおよ》び塗装《とそう》に関《かん》する記述《きじゅつ》のうち、**適当《てきとう》でないもの**はどれか。

1　露出配管《ろしゅつはいかん》の上塗《うわぬ》り塗料《とりょう》は、一般的《いっぱんてき》に、合成樹脂調合《ごうせいじゅしちょうごう》ペイント等《とう》を使《し》用《よう》する。

2　シートタイプの合成樹脂製《ごうせいじゅしせい》カバーの固定《こてい》は、専用《せんよう》のピンを使用《しよう》する。

3　配管用炭素鋼鋼管《はいかんようたんそこうこうかん》（白《しろ》）は、下塗《したぬ》り塗料《とりょう》として変性《へんせい》エポキシ樹脂《じゅし》プライマーを使用《しよう》する。

4　グラスウール保温材《ほおんざい》は、ポリスチレンフォーム保温材《ほおんざい》に比《くら》べて、防《ぼう》湿性《しつせい》が優《すぐ》れている。

No.37 多翼送風機《たよくそうふうき》の個別試運転調整《こべつしうんてんちょうせい》に関《かん》する記述《きじゅつ》のうち、**適当《てきとう》でないもの**はどれか。

1　軸受《じくう》け部《ぶ》の温度《おんど》と周囲《しゅうい》の空気《くうき》との温度差《おんどさ》が、基準値以内《きじゅんちいない》であることを確認《かくにん》する。

2　インバータ制御《せいぎょ》の場合《ばあい》は、回転数《かいてんすう》を徐々《じょじょ》に上《あ》げながら規定風量《きていふうりょう》となるように調整《ちょうせい》する。

3　Ｖベルトがたわみなく強《つよ》く張《は》られた状態《じょうたい》であることを確認《かくにん》する。

4　送風機《そうふうき》を手《て》で回《まわ》し、異常《いじょう》のないことを確認《かくにん》する。

No.38 JISで規定《きてい》されている配管系《はいかんけい》の識別表示《しきべつひょうじ》について、管内《かんない》の「物《ぶっ》質《しつ》の種類《しゅるい》」とその「識別色《しきべつしょく》」の組合《くみあわ》せのうち、**適当《てきとう》でないもの**はどれか。

［物質《ぶっしつ》の種類《しゅるい》］　［識別色《しきべつしょく》］

1　蒸気《じょうき》――――青《あお》

2　ガス――――うすい黄《き》

3　油《あぶら》――――茶色《ちゃいろ》

4　電気《でんき》――――うすい黄赤《きあか》

解説▶別冊 p.38 ▶▶▶

※問題番号《もんだいばんごう》No.39からNo.48までの10問題《もんだい》のうちから8問題《もんだい》を選択《せんたく》し、解答《かいとう》してください。

No.39 建設業《けんせつぎょう》における安全衛生管理《あんぜんえいせいかんり》に関《かん》する記述《きじゅつ》のうち、「労働安全《ろうどうあんぜん》衛生法《えいせいほう》」上《じょう》、**誤《あやま》っているもの**はどれか。

1 事業者《じぎょうしゃ》は、常時《じょうじ》10人以上《にんいじょう》50人未満《にんみまん》の労働者《ろうどうしゃ》を使用《しよう》する事業場《じぎょうじょう》ごとに、安全衛生推進者《あんぜんえいせいすいしんしゃ》を選任《せんにん》しなければならない。

2 事業者《じぎょうしゃ》は、作業主任者《さぎょうしゅにんしゃ》が必要《ひつよう》な場合《ばあい》、都道府県労働局長《とどうふけんろうどうきょくちょう》の免許《めんきょ》を受《う》けた者又《ものまた》は都道府県労働局長《とどうふけんろうどうきょくちょう》の登録《とうろく》を受《う》けた者《もの》が行《おこな》う技能講習《ぎのうこうしゅう》を修了《しゅうりょう》した者《もの》のうちから選任《せんにん》しなければならない。

3 事業者《じぎょうしゃ》は、高所作業者《こうしょさぎょうしゃ》を用《もち》いて作業《さぎょう》を行《おこな》うときは、当該作業《とうがいさぎょう》の指揮《しき》者《しゃ》を定《さだ》め、その者《もの》に作業計画《さぎょうけいかく》に基《もと》づき作業《さぎょう》の指揮《しき》を行《おこな》わせなければならない。

4 事業者《じぎょうしゃ》は、移動《いどう》はしごを使用《しよう》する場合《ばあい》、はしごの幅《はば》は20cm以上《いじょう》のものでなければ使用《しよう》してはならない。

No.40 労働時間《ろうどうじかん》に関《かん》する記述《きじゅつ》のうち、「労働基準法《ろうどうきじゅんほう》」上《じょう》、**誤《あやま》っているもの**はどれか。

ただし、労働組合等《ろうどうくみあいとう》との協定等《きょうていとう》による別《べつ》の定《さだ》めがある場合《ばあい》を除く。

1 使用者《しようしゃ》は、その雇入《やとい》れの日《ひ》から起算《きさん》して6箇月間継続勤務《かげつかんけいぞくきんむ》し全労働《ぜんろうどう》日《び》の8割《わり》以上出勤《いじょうしゅっきん》した労働者《ろうどうしゃ》に対《たい》して、10労働《ろうどう》日《び》の有給休暇《ゆうきゅうきゅうか》を与《あた》えなければならない。

2 使用者《しようしゃ》は、労働者《ろうどうしゃ》に、休憩時間《きゅうけいじかん》を除《のぞ》き1週間《しゅうかん》について38時間《じかん》を超《こ》えて、労働《ろうどう》させてはならない。

3 使用者《しようしゃ》は、労働者《ろうどうしゃ》に対《たい》して、毎週少《まいしゅうすく》なくとも1回《かい》の休日《きゅうじつ》、又《また》は4週《しゅう》間《かん》を通《つう》じ4日《にち》以上《いじょう》の休日《きゅうじつ》を与《あた》えなければならない。

4 使用者《しようしゃ》は、労働時間《ろうどうじかん》が8時間《じかん》を超《こ》える場合《ばあい》においては少《すく》なくとも1時間《じかん》の休憩時間《きゅうけいじかん》を労働時間《ろうどうじかん》の途中《とちゅう》に与《あた》えなければならない。

No.41

建築物《けんちくぶつ》の用語《ようご》に関《かん》する記述《きじゅつ》のうち、「建築基準法《けんちくきじゅんほう》」上《じょう》、**誤《あやま》っているもの**はどれか。

1　工場《こうじょう》は、特殊建築物《とくしゅけんちくぶつ》である。

2　屋根《やね》は、主要構造部《しゅようこうぞうぶ》である。

3　建築物《けんちくぶつ》に設《もう》ける昇降機《しょうこうき》は、建築設備《けんちくせつび》である。

4　階段《かいだん》は、構造耐力上主要《こうぞうたいりょくじょうしゅよう》な部分《ぶぶん》である。

No.42

建築設備《けんちくせつび》に関《かん》する記述《きじゅつ》のうち、「建築基準法《けんちくきじゅんほう》」上《じょう》、**誤《あやま》っているもの**はどれか。

1　排水槽《はいすいそう》の通気管《つうきかん》は、通気立《つうきた》て管又《かんまた》は伸頂通気管《しんちょうつうきかん》に接続《せつぞく》しなければならない。

2　給水管《きゅうすいかん》、配電管《はいでんかん》その他《た》の管《かん》が、防火区画《ぼうかくかく》を貫通《かんつう》する場合《ばあい》、貫通《かんつう》する部分及《ぶぶんおよ》び当該貫通《とうがいかんつう》する部分《ぶぶん》からそれぞれ両側《りょうがわ》に1m以内《いない》の距離《きょり》にある部分《ぶぶん》を不燃材料《ふねんざいりょう》で造《つく》らなければならない。

3　排水再利用配管設備《はいすいさいりようはいかんせつび》の水栓《すいせん》には、排水再利用水《はいすいさいりようすい》であることを示《しめ》す表《ひょう》示《じ》をしなければならない。

4　排水《はいすい》トラップは、二重《にじゅう》トラップとならないように設《もう》けなければならない。

No.43

建設業《けんせつぎょう》の許可《きょか》に関《かん》する記述《きじゅつ》のうち、「建設業法《けんせつぎょうほう》」上《じょう》、**誤《あやま》っているもの**はどれか。

1　「国土交通大臣《こくどこうつうだいじん》の許可《きょか》」と「都道府県知事《とどうふけんちじ》の許可《きょか》」では、どちらも工事可能《こうじかのう》な区域《くいき》に制限《せいげん》はない。

2　「国土交通大臣《こくどこうつうだいじん》の許可《きょか》」と「都道府県知事《とどうふけんちじ》の許可《きょか》」では、どちらも営業所《えいぎょうしょ》の設置可能《せっちかのう》な区域《くいき》に制限《せいげん》はない。

3　「国土交通大臣《こくどこうつうだいじん》の許可《きょか》」と「都道府県知事《とどうふけんちじ》の許可《きょか》」では、どちらも受注可能《じゅちゅうかのう》な請負金額《うけおいきんがく》は変《か》わらない。

4　「国土交通大臣《こくどこうつうだいじん》の許可《きょか》」と「都道府県知事《とどうふけんちじ》の許可《きょか》」では、どちらも許可《きょか》の有効期間《ゆうこうきかん》は5年間《ねんかん》で変《か》わらない。

解説▶別冊 p.41 ▶▶▶

No.44 管工事業《かんこうじぎょう》に関《かん》する記述《きじゅつ》のうち、「建設業法《けんせつぎょうほう》」上《じょう》、**誤《あやま》っているもの**はどれか。

1 管工事業《かんこうじぎょう》の許可《きょか》を受《う》けた者《もの》は、工事《こうじ》1件《けん》の請負代金《うけおいだいきん》の額《がく》が500万円《まんえん》未満《みまん》の工事《こうじ》を施工《せこう》する場合《ばあい》でも、主任技術者《しゅにんぎじゅつしゃ》を置《お》く必要《ひつよう》がある。

2 管工事《かんこうじ》を下請負人《したうけおいにん》としてのみ施工《せこう》する者《もの》は、請負代金《うけおいだいきん》の額《がく》に関《かか》わらず管工事業《かんこうじぎょう》の許可《きょか》を受《う》けなくてもよい。

3 2級管工事施工管理技士《きゅうかんこうじせこうかんりぎし》は、管工事業《かんこうじぎょう》に係《かか》る一般建設業《いっぱんけんせつぎょう》の許可《きょか》を受《う》ける際《さい》、営業所《えいぎょうしょ》ごとに専任《せんにん》で置《お》く技術者《ぎじゅつしゃ》の要件《ようけん》を満《み》たしている。

4 管工事業《かんこうじぎょう》の許可《きょか》を受《う》けた者《もの》が管工事《かんこうじ》を請《う》け負《お》う場合《ばあい》、当該工事《とうがいこうじ》に附帯《ふたい》する電気工事《でんきこうじ》を請《う》け負《お》うことができる。

No.45 危険物《きけんぶつ》に関《かん》する記述《きじゅつ》のうち、「消防法《しょうぼうほう》」上《じょう》、**誤《あやま》っているもの**はどれか。

1 ガソリンの指定数量《していすうりょう》は、400リットルである。

2 軽油《けいゆ》の指定数量《していすうりょう》は、1,000リットルである。

3 灯油《とうゆ》の指定数量《していすうりょう》は、1,000リットルである。

4 重油《じゅうゆ》の指定数量《していすうりょう》は、2,000リットルである。

No.46 浄化槽《じょうかそう》に関《かん》する記述《きじゅつ》のうち、「浄化槽法《じょうかそうほう》」上《じょう》、**誤《あやま》っているもの**はどれか。

1 浄化槽《じょうかそう》を新設《しんせつ》する場合《ばあい》は、原則《げんそく》として、合併処理浄化槽《がっぺいしょりじょうかそう》を設置《せっち》しなければならない。

2 浄化槽《じょうかそう》からの放流水《ほうりゅうすい》は、生物化学的酸素要求量《せいぶつかがくてきさんそようきゅうりょう》を20mg/L以下《いか》に処《しょ》理《り》したものでなければならない。

3 浄化槽設備士《じょうかそうせつびし》は、その職務《しょくむ》を行《おこな》うときは、浄化槽設備士証《じょうかそうせつびししょう》を携帯《けいたい》していなければならない。

4 浄化槽工事業《じょうかそうこうじぎょう》を営《いとな》もうとする者《もの》は、当該業《とうがいぎょう》を行《おこな》おうとする区域《くいき》を管《かん》轄《かつ》する市町村長《しちょうそんちょう》の登録《とうろく》を受《う》けなければならない。

No.47 「法律《ほうりつ》」と「測定項目《そくていこうもく》」の組合《くみあわ》せのうち、当該法律上《とうがいほうりつじょう》、**定《さだ》められていないもの**はどれか。

[法律《ほうりつ》]　――　[測定項目《そくていこうもく》]

1　大気汚染防止法《たいきおせんぼうしほう》 ―― いおう酸化物《さんかぶつ》の量《りょう》

2　水質汚濁防止法《すいしつおだくぼうしほう》 ―― 水素《すいそ》イオン濃度《のうど》

3　建築物《けんちくぶつ》における衛生的環境《えいせいてきかんきょう》の確保《かくほ》に関《かん》する法律《ほうりつ》 ―― ばいじん量《りょう》

4　浄化槽法《じょうかそうほう》 ―― 溶存酸素量《ようぞんさんそりょう》

No.48 産業廃棄物《さんぎょうはいきぶつ》の処理《しょり》に関《かん》する記述《きじゅつ》のうち、「廃棄物《はいきぶつ》の処理及《しょりおよ》び清《せい》掃《そう》に関《かん》する法律《ほうりつ》」上《じょう》、**誤《あやま》っているもの**はどれか。

1　事業者《じぎょうしゃ》は、現場事務所《げんばじむしょ》から排出《はいしゅつ》される生《なま》ゴミ、新聞《しんぶん》、雑誌等《ざっしとう》は、産《さん》業廃棄物《ぎょうはいきぶつ》として処理《しょり》しなければならない。

2　事業者《じぎょうしゃ》は、その事業活動《じぎょうかつどう》に伴《ともな》って生《しょう》じた産業廃棄物《さんぎょうはいきぶつ》の運搬先《うんぱんさき》が2以《い》上《じょう》である場合《ばあい》、運搬先《うんぱんさき》ごとに産業廃棄物管理票《さんぎょうはいきぶつかんりひょう》を交付《こうふ》しなければならない。

3　事業者《じぎょうしゃ》は、産業廃棄物《さんぎょうはいきぶつ》の処理《しょり》に電子情報処理組織《でんしじょうほうしょりそしき》を使用《しよう》して、情報《じょうほう》処理《しょり》センターに登録《とうろく》する場合《ばあい》、当該産業廃棄物《とうがいさんぎょうはいきぶつ》の種類《しゅるい》ごとに登録《とうろく》しなければならない。

4　事業者《じぎょうしゃ》は、産業廃棄物《さんぎょうはいきぶつ》の運搬又《うんぱんまた》は処分《しょぶん》を委託《いたく》して産業廃棄物管理票《さんぎょうはいきぶつかんりひょう》を交付《こうふ》した場合《ばあい》、当該管理票《とうがいかんりひょう》の写《うつ》しは管理票《かんりひょう》を交付《こうふ》した日《ひ》から5年間《ねんかん》保存《ほぞん》しなければならない。

解説▶別冊 p.43 ▶▶▶

※問題番号《もんだいばんごう》No.49からNo.52までの問題《もんだい》の正解《せいかい》は、1問《もん》について二《ふた》つです。
当該問題番号《とうがいもんだいばんごう》の解答記入欄《かいとうきにゅうらん》の正解《せいかい》と思《おも》う数字《すうじ》を二《ふた》つぬりつぶしてください。
1問《もん》について、一《ひと》つだけぬりつぶしたものや、三《みっ》つ以上《いじょう》ぬりつぶしたものは、正解《せいかい》となりません。

※問題番号《もんだいばんごう》No.49からNo.52までの4問題《もんだい》は必須問題《ひっすもんだい》です。全問題《ぜんもんだい》を解答《かいとう》してください。

No.49 工程表《こうていひょう》に関《かん》する記述《きじゅつ》のうち、**適当《てきとう》でないもの**はどれか。
適当《てきとう》でないものは二《ふた》つあるので、二《ふた》つとも答《こた》えなさい。

1　ガントチャート工程表《こうていひょう》は、各作業《かくさぎょう》の現時点《げんじてん》での進行状態《しんこうじょうたい》を棒《ぼう》グラフで示《しめ》した図表《ずひょう》である。

2　バーチャート工程表《こうていひょう》は、工期《こうき》に対《たい》する各作業《かくさぎょう》の影響《えいきょう》の度合《どあ》いが正確《せいかく》に把握《はあく》できる。

3　ネットワーク工程表《こうていひょう》は、フロート（余裕時間《よゆうじかん》）がわからないため、配員計画《はいいんけいかく》を立《た》てにくい。

4　タクト工程表《こうていひょう》は、同《おな》じ作業《さぎょう》を繰《く》り返《かえ》し行《おこな》う場合《ばあい》に用《もち》いられる。

No.50 機器《きき》の据付《すえつ》けに関《かん》する記述《きじゅつ》のうち、**適当《てきとう》でないもの**はどれか。
適当《てきとう》でないものは二《ふた》つあるので、二《ふた》つとも答《こた》えなさい。

1　揚水《ようすい》ポンプの吐出《はきだ》し側《がわ》には、ポンプに近《ちか》い順《じゅん》に、防振継手《ぼうしんつぎて》、仕切弁《しきりべん》、逆止《ぎゃくと》め弁《べん》を取《と》り付《つ》ける。

2　ファンコイルユニットの床置形《ゆかおきがた》は、一般的《いっぱんてき》に、室《しつ》の外壁《がいへき》の窓下等《まどしたとう》に据《す》え付《つ》ける。

3　送風機《そうふうき》の振動《しんどう》が躯体《くたい》に伝搬《でんぱん》するおそれがある場合《ばあい》は、防振基礎《ぼうしんきそ》とする。

4　埋込式《うめこみしき》アンカーボルトとコンクリート基礎《きそ》の端部《たんぶ》は、50mm程度《ていど》離《はな》す。

No.51

配管及《はいかんおよ》び配管附属品《はいかんふぞくひん》の施工《せこう》に関《かん》する記述《きじゅつ》のうち、**適当《てきとう》でないもの**はどれか。

適当《てきとう》でないものは二《ふた》つあるので、二《ふた》つとも答《こた》えなさい。

1　架橋《かきょう》ポリエチレン管《かん》の接合《せつごう》は、電気融着接合又《でんきゆうちゃくせつごうまた》はメカニカル接合《せつごう》とする。

2　一般配管用《いっぱんはいかんよう》ステンレス鋼鋼管《こうこうかん》の管継手《かんつぎて》には、メカニカル形《がた》、ハウジング形等《がたとう》がある。

3　排水横枝管《はいすいよこえだかん》が合流《ごうりゅう》する場合《ばあい》は、合流《ごうりゅう》する排水管《はいすいかん》の上部《じょうぶ》に接続《せつぞく》する。

4　飲料用受水《いんりょうようじゅすい》タンクのオーバーフロー管《かん》には、トラップを設《もう》ける。

No.52

ダクト及《およ》びダクト附属品《ふぞくひん》の施工《せこう》に関《かん》する記述《きじゅつ》のうち、**適当《てきとう》でないもの**はどれか。

適当《てきとう》でないものは二《ふた》つあるので、二《ふた》つとも答《こた》えなさい。

1　フレキシブルダクトは、吸込口《すいこみぐち》ボックスの接続用《せつぞくよう》に使用《しよう》してはならない。

2　変風量《へんふうりょう》（VAV）ユニットの上流側《じょうりゅうがわ》が整流《せいりゅう》でなくても、風量制御特《ふうりょうせいぎょとく》性《せい》に影響《えいきょう》を及《およ》ぼすことはない。

3　浴室《よくしつ》の排気《はいき》に長方形《ちょうほうけい》ダクトを使用《しよう》する場合《ばあい》は、ダクトの角《かど》の継目《つぎめ》が下面《かめん》とならないように取《と》り付《つ》ける。

4　送風機《そうふうき》に接続《せつぞく》するたわみ継手《つぎて》のフランジ間隔《かんかく》は、たわみ量《りょう》を考慮《こうりょ》し決定《けってい》する。

解説▶別冊 p.46 ▶▶▶

MEMO

2級管工事施工管理技術検定試験

令和4年度（後期）

第一次検定

■選択問題《せんたくもんだい》は、指定数《していすう》を超《こ》えて解答《かいとう》した場合《ばあい》、減点《げんてん》となります。

・問題番号《もんだいばんごう》No.1からNo.6までの6問題《もんだい》は必須問題《ひっすもんだい》です。全問題《ぜんもんだい》を解《かい》答《とう》してください。

・問題番号《もんだいばんごう》No.7からNo.23までの17問題《もんだい》のうちから9問題《もんだい》を選択《せんたく》し、解答《かいとう》してください。

・問題番号《もんだいばんごう》No.24からNo.28までの5問題《もんだい》は必須問題《ひっすもんだい》です。全問題《ぜんもんだい》を解答《かいとう》してください。

・問題番号《もんだいばんごう》No.29からNo.38までの10問題《もんだい》のうちから8問題《もんだい》を選択《せんたく》し、解答《かいとう》してください。

・問題番号《もんだいばんごう》No.39からNo.48までの10問題《もんだい》のうちから8問題《もんだい》を選択《せんたく》し、解答《かいとう》してください。

・問題番号《もんだいばんごう》No.49からNo.52までの4問題《もんだい》は、施工管理法《せこうかんりほう》(基礎的《きそてき》な能《のう》力《りょく》)の問題《もんだい》で、必須問題《ひっすもんだい》です。全問題《ぜんもんだい》を解答《かいとう》してください。

◆第一次検定結果データ◆

受検者数	11,051人
合格者数	6,274人
合格率	56.8%

合格基準	24問以上

※第一次検定のみ受検者数または合格者数を含む。

別冊p.178～179に解答用紙がありますので，コピーしてお使いください。

令和4年度　後期

2級 管工事施工管理技術検定

第一次検定問題

※問題番号《もんだいばんごう》No.1からNo.48までの問題《もんだい》の正解《せいかい》は、1問《もん》について一《ひと》つです。

当該問題番号《とうがいもんだいばんごう》の解答記入欄《かいとうきにゅうらん》の正解《せいかい》と思《おも》う数字《すうじ》を一《ひと》つぬりつぶしてください。

1問《もん》について、二《ふた》つ以上《いじょう》ぬりつぶしたものは、正解《せいかい》となりません。

※問題番号《もんだいばんごう》No.1からNo.6までの6問題《もんだい》は必須問題《ひっすもんだい》です。全問題《ぜんもんだい》を解《かい》答《とう》してください。

No. 1

空気環境《くうきかんきょう》に関《かん》する記述《きじゅつ》のうち、**適当《てきとう》でないもの**はどれか。

1　一酸化炭素《いっさんかたんそ》は、炭素《たんそ》を含《ふく》む物質《ぶっしつ》の燃焼中《ねんしょうちゅう》に酸素《さんそ》が不足《ふそく》すると発生《はっせい》する気体《きたい》である。

2　二酸化炭素《にさんかたんそ》は、直接人体《ちょくせつじんたい》に有害《ゆうがい》とはならない気体《きたい》で、空気《くうき》より軽《かる》い。

3　浮遊粉《ふゆうふん》じん量《りょう》は、室内空気《しつないくうき》の汚染度《おせんど》を示《しめ》す指標《しひょう》の一《ひと》つである。

4　ホルムアルデヒドは、内装仕上《ないそうしあ》げ材《ざい》や家具等《かぐとう》から放散《ほうさん》され刺激臭《しげきしゅう》を有《ゆう》する。

No. 2

水《みず》に関《かん》する記述《きじゅつ》のうち、**適当《てきとう》でないもの**はどれか。

1　軟水《なんすい》は、カルシウム塩《えん》、マグネシウム塩《えん》を多《おお》く含《ふく》む水《みず》である。

2　BODは、水中《すいちゅう》に含《ふく》まれる有機物質《ゆうきぶっしつ》の量《りょう》を示《しめ》す指標《しひょう》である。

3　0℃の水《みず》が氷《こおり》になると、体積《たいせき》は約《やく》10%増加《ぞうか》する。

4　pHは、水素《すいそ》イオン濃度《のうど》の大小《だいしょう》を示《しめ》す指標《しひょう》である。

No. 3　流体《りゅうたい》に関《かん》する記述《きじゅつ》のうち、**適当《てきとう》でないもの**はどれか。

1　圧力計《あつりょくけい》が示《しめ》すゲージ圧《あつ》は、絶対圧《ぜったいあつ》から大気圧《たいきあつ》を差《さ》し引《ひ》いた圧力《あつりょく》である。

2　毛管現象《もうかんげんしょう》は、液体《えきたい》の表面張力《ひょうめんちょうりょく》によるものである。

3　流体《りゅうたい》が直管路《ちょっかんろ》を満流《まんりゅう》で流《なが》れる場合《ばあい》、圧力損失《あつりょくそんしつ》の大《おお》きさは、流体《りゅうたい》の密《みつ》度《ど》と関係《かんけい》しない。

4　定常流《ていじょうりゅう》は、流《なが》れの状態《じょうたい》が、場所《ばしょ》によってのみ定《さだ》まり時間的《じかんてき》には変化《へんか》しない。

No. 4　熱《ねつ》に関《かん》する記述《きじゅつ》のうち、**適当《てきとう》でないもの**はどれか。

1　熱容量《ねつようりょう》の大《おお》きい物質《ぶっしつ》は、温《あたた》まりにくく冷《ひ》えにくい。

2　熱放射《ねつほうしゃ》による熱《ねつ》エネルギーの伝達《でんたつ》には、媒体《ばいたい》が必要《ひつよう》である。

3　熱《ねつ》は、低温《ていおん》の物体《ぶったい》から高温《こうおん》の物体《ぶったい》へ自然《しぜん》に移《うつ》ることはない。

4　顕熱《けんねつ》は、相変化《そうへんか》を伴《ともな》わない、物体《ぶったい》の温度《おんど》を変《か》えるための熱《ねつ》である。

No. 5　電気設備《でんきせつび》において、「記号又《きごうまた》は文字記号《もじきごう》」とその「名称《めいしょう》」の組《くみ》合《あわ》せのうち、**適当《てきとう》でないもの**はどれか。

	（記号又《きごうまた》は文字記号《もじきごう》）	（名称《めいしょう》）
1	EM－IE	600V耐燃性《たいねんせい》ポリエチレン絶縁電線《ぜつえんでんせん》
2	PF	合成樹脂製可《ごうせいじゅしせいか》とう電線管《でんせんかん》
3	MC	電磁接触器《でんじせっしょくき》
4	ELCB	配線用遮断器《はいせんようしゃだんき》

解説▶別冊 p.50 ▶▶▶

No. 6 鉄筋《てっきん》コンクリートの特性《とくせい》に関《かん》する記述《きじゅつ》のうち、**適当《てきとう》でないもの**はどれか。

1　鉄筋《てっきん》コンクリート造《ぞう》は、剛性《ごうせい》が低《ひく》く振動《しんどう》による影響《えいきょう》を受《う》けやすい。

2　異形棒鋼《いけいぼうこう》は、丸鋼《まるこう》と比《くら》べてコンクリートとの付着力《ふちゃくりょく》が大《おお》きい。

3　コンクリートはアルカリ性《せい》のため、コンクリート中《ちゅう》の鉄筋《てっきん》は錆《さ》びにくい。

4　コンクリートと鉄筋《てっきん》の線膨張係数《せんぼうちょうけいすう》は、ほぼ等《ひと》しい。

※問題番号《もんだいばんごう》No.7からNo.23までの17問題《もんだい》のうちから9問題《もんだい》を選択《せんたく》し、解答《かいとう》してください。

No. 7 空気調和方式《くうきちょうわほうしき》に関《かん》する記述《きじゅつ》のうち、**適当《てきとう》でないもの**はどれか。

1　ファンコイルユニット・ダクト併用方式《へいようほうしき》は、全空気方式《ぜんくうきほうしき》に比《くら》べてダクトスペースが小《ちい》さくなる。

2　ファンコイルユニット・ダクト併用方式《へいようほうしき》は、ファンコイルユニット毎《ごと》の個別制御《こべつせいぎょ》が困難《こんなん》である。

3　パッケージ形空気調和機方式《がたくうきちょうわきほうしき》は、全熱交換《ぜんねつこうかん》ユニット等《とう》を使《つか》うなどして外気《がいき》を取《と》り入《い》れる必要《ひつよう》がある。

4　パッケージ形空気調和機方式《がたくうきちょうわきほうしき》の冷媒配管《れいばいはいかん》は、長《なが》さが短《みじか》く高低差《こうていさ》が小《ちい》さい方《ほう》が運転効率《うんてんこうりつ》が良《よ》い。

No. 8 下図《かず》に示《しめ》す暖房時《だんぼうじ》の湿《しめ》り空気線図《くうきせんず》のd点《てん》に対応《たいおう》する空気調和《くうきちょうわ》システム図上《ずじょう》の位置《いち》として、**適当《てきとう》なもの**はどれか。

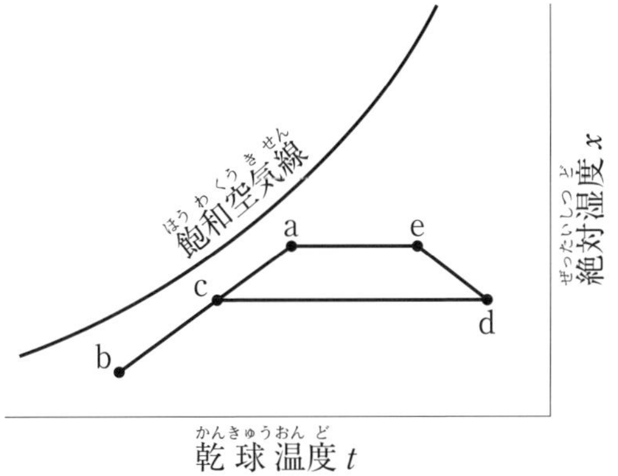

暖房時《だんぼうじ》の湿《しめ》り空気線図《くうきせんず》

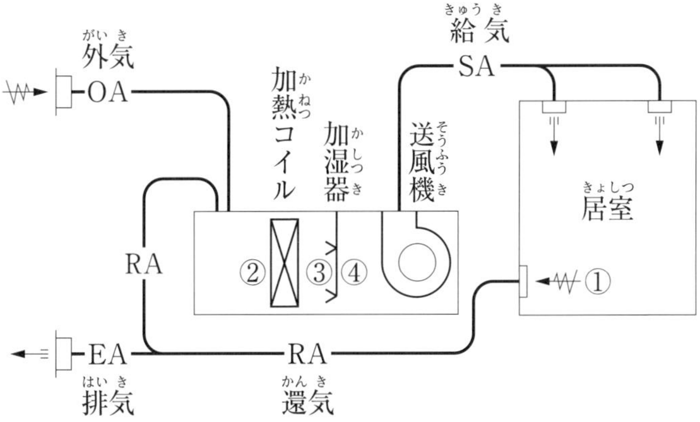

空気調和《くうきちょうわ》システム図《ず》

1　①

2　②

3　③

4　④

解説▶別冊 p.52 ▶▶▶

No.9 熱負荷《ねつふか》に関《かん》する記述《きじゅつ》のうち、**適当《てきとう》でないもの**はどれか。

1 構造体《こうぞうたい》の構成材質《こうせいざいしつ》が同《おな》じであれば、厚《あつ》さの薄《うす》い方《ほう》が熱通過率《ねつつうかりつ》は大《おお》きくなる。

2 冷房負荷計算《れいぼうふかけいさん》で、窓《まど》ガラス面《めん》からの熱負荷《ねつふか》を算定《さんてい》する時《とき》はブラインドの有無《うむ》を考慮《こうりょ》する。

3 暖房負荷計算《だんぼうふかけいさん》では、一般的《いっぱんてき》に、外気温度《がいきおんど》の時間的変化《じかんてきへんか》を考慮《こうりょ》しない。

4 照明器具《しょうめいきぐ》による熱負荷《ねつふか》は、顕熱《けんねつ》と潜熱《せんねつ》がある。

No.10 エアフィルターの「種類《しゅるい》」と「主《おも》な用途《ようと》」の組合《くみあわ》せのうち、**適《てき》当《とう》でないもの**はどれか。

（種類《しゅるい》）　　（主《おも》な用途《ようと》）

1 HEPAフィルター ―――― クリーンルーム

2 活性炭《かっせいたん》フィルター ―――― ガス処理《しょり》

3 自動巻取形《じどうまきとりがた》 ―――― 一般空調《いっぱんくうちょう》

4 電気集《でんきしゅう》じん器《き》 ―――― 厨房排気《ちゅうぼうはいき》

No.11 放射冷暖房方式《ほうしゃれいだんぼうほうしき》に関《かん》する記述《きじゅつ》のうち、**適当《てきとう》でないもの**はどれか。

1 放射冷暖房方式《ほうしゃれいだんぼうほうしき》は、室内《しつない》における上下《じょうげ》の温度差《おんどさ》が少《すく》ない。

2 放射暖房方式《ほうしゃだんぼうほうしき》は、天井《てんじょう》の高《たか》いホール等《とう》では良質《りょうしつ》な温熱環境《おんねつかんきょう》を得《え》られにくい。

3 放射冷房方式《ほうしゃれいぼうほうしき》は、放熱面温度《ほうねつめんおんど》を下《さ》げすぎると放熱面《ほうねつめん》で結露《けつろ》を生《しょう》じる場合《ばあい》がある。

4 放射冷房方式《ほうしゃれいぼうほうしき》は、室内空気温度《しつないくうきおんど》を高《たか》めに設定《せってい》しても温熱感的《おんねつかんてき》には快《かい》適《てき》な室内環境《しつないかんきょう》を得《え》ることができる。

No.12 パッケージ形空気調和機《がたくうきちょうわき》に関《かん》する記述《きじゅつ》のうち、**適当《てきとう》でないもの**はどれか。

1 マルチパッケージ形空気調和機《がたくうきちょうわき》には、1台《だい》の屋外機《おくがいき》で冷房《れいぼう》と暖房《だんぼう》を屋内機《おくないき》ごとに選択《せんたく》できる機種《きしゅ》もある。

2　業務用《ぎょうむよう》パッケージ形空気調和機《がたくうきちょうわき》は、一般的《いっぱんてき》に、代替《だいたい》フロン（HFC）が使用《しよう》されており、「フロン類《るい》の使用《しよう》の合理化及《ごうりかおよ》び管理《かんり》の適正化《てきせいか》に関《かん》する法律《ほうりつ》」の対象《たいしょう》となっている。

3　パッケージ形空気調和機《がたくうきちょうわき》には、空気熱源《くうきねつげん》ヒートポンプ式《しき》と水熱源《みずねつげん》ヒートポンプ式《しき》がある。

4　マルチパッケージ形空気調和機方式《がたくうきちょうわきほうしき》は、ユニット形空気調和機《がたくうきちょうわき》を用《もち》いた空気調和方式《くうきちょうわほうしき》に比《くら》べて、機械室面積等《きかいしつめんせきとう》が広《ひろ》く必要《ひつよう》となる。

No.13

換気《かんき》に関《かん》する記述《きじゅつ》のうち、**適当《てきとう》でないもの**はどれか。

1　営業用厨房《えいぎょうようちゅうぼう》は、燃焼空気《ねんしょうくうき》の供給《きょうきゅう》のため室内《しつない》を正圧《せいあつ》とする。

2　第一種機械換気方式《だいいっしゅきかいかんきほうしき》は、給気側《きゅうきがわ》と排気側《はいきがわ》の両方《りょうほう》に送風機《そうふうき》を設《もう》ける方《ほう》式《しき》である。

3　駐車場《ちゅうしゃじょう》の換気《かんき》として、誘引誘導換気方式《ゆういんゆうどうかんきほうしき》を採用《さいよう》する場合《ばあい》がある。

4　第三種機械換気方式《だいさんしゅきかいかんきほうしき》では、換気対象室内《かんきたいしょうしつない》は負圧《ふあつ》となる。

No.14

換気《かんき》に関《かん》する記述《きじゅつ》のうち、**適当《てきとう》でないもの**はどれか。

1　第二種機械換気方式《だいにしゅきかいかんきほうしき》は、建具等《たてぐとう》からの室《しつ》への空気《くうき》の侵入《しんにゅう》を抑制《よくせい》できる。

2　局所換気《きょくしょかんき》は、汚染物質《おせんぶっしつ》を汚染源《おせんげん》の近《ちか》くで補《ほ》そく・処理《しょり》するため、周《しゅう》辺《へん》の室内環境《しつないかんきょう》を衛生的《えいせいてき》かつ安全《あんぜん》に保《たも》つうえで有効《ゆうこう》である。

3　温度差《おんどさ》を利用《りよう》する自然換気方式《しぜんかんきほうしき》では、換気対象室《かんきたいしょうしつ》のなるべく高《たか》い位《い》置《ち》に給気口《きゅうきこう》を設《もう》ける。

4　外気《がいき》を導入《どうにゅう》し居室《きょしつ》の換気《かんき》を行《おこな》う場合《ばあい》は、外気《がいき》の二酸化炭素濃度《にさんかたんそのうど》も考《こう》慮《りょ》する。

解説▶別冊 p.53 ▶▶▶

No.15 上水道《じょうすいどう》施設《しせつ》に関《かん》する記述《きじゅつ》のうち、**適当《てきとう》でないもの**はどれか。

1 取水施設《しゅすいしせつ》は、河川《かせん》、湖沼《こしょう》又《また》は地下《ちか》の水源《すいげん》より原水《げんすい》を取《と》り入《い》れ、粗《あら》いごみや砂《すな》を取《と》り除《のぞ》く施設《しせつ》である。

2 送水施設《そうすいしせつ》は、取水施設《しゅすいしせつ》にて取《と》り入《い》れた原水《げんすい》を浄水施設《じょうすいしせつ》へ送《おく》る施設《しせつ》である。

3 着水井《ちゃくすいせい》には、流入《りゅうにゅう》する原水《げんすい》の水位変動《すいいへんどう》を安定《あんてい》させ、その量《りょう》を調整《ちょうせい》することで、浄水施設《じょうすいしせつ》での浄化処理《じょうかしょり》を安定《あんてい》させる役割《やくわり》がある。

4 結合残留塩素《けつごうざんりゅうえんそ》は、遊離残留塩素《ゆうりざんりゅうえんそ》より殺菌作用《さっきんさよう》が低《ひく》い。

No.16 下水道《げすいどう》に関《かん》する記述《きじゅつ》のうち、**適当《てきとう》でないもの**はどれか。

1 下水道本管《げすいどうほんかん》に接続《せつぞく》する取付管《とりつけかん》の勾配《こうばい》は、$\frac{1}{100}$ 以上《いじょう》とする。

2 公共下水道《こうきょうげすいどう》は、汚水《おすい》を排除《はいじょ》すべき排水施設《はいすいしせつ》の相当部分《そうとうぶぶん》が暗《あん》きょ構造《こうぞう》となっている。

3 段差接合《だんさせつごう》により下水道管《げすいどうかん》きょを接合《せつごう》する場合《ばあい》、原則《げんそく》として副管《ふくかん》を使《し》用《よう》するのは、段差《だんさ》が1.5m以上《いじょう》の合流管《ごうりゅうかん》きょ及《およ》び汚水管《おすいかん》きょである。

4 下水道本管《げすいどうほんかん》に放流《ほうりゅう》するための汚水《おすい》ますの位置《いち》は、公道《こうどう》と民有地《みんゆうち》との境界線付近《きょうかいせんふきん》とし、ますの底部《ていぶ》にはインバートを設《もう》ける。

No.17 給水設備《きゅうすいせつび》に関《かん》する記述《きじゅつ》のうち、**適当《てきとう》でないもの**はどれか。

1 揚程《ようてい》が30mを超《こ》える給水《きゅうすい》ポンプの吐出《はきだ》し側《がわ》に取《と》り付《つ》ける逆止《ぎゃくと》め弁《べん》は、衝撃吸収式《しょうげききゅうしゅうしき》とする。

2 受水《じゅすい》タンクのオーバーフローの取《と》り出《だ》しは、給水吐水口端《きゅうすいとすいこうたん》の高《たか》さより上方《じょうほう》からとする。

3 受水《じゅすい》タンクへの給水《きゅうすい》には、ウォーターハンマーを起《お》こりにくくするため、一般的《いっぱんてき》に、定水位弁《ていすいいべん》が用《もち》いられる。

4 クロスコネクションとは、飲料用系統《いんりょうようけいとう》とその他《た》の系統《けいとう》が、配管《はいかん》・装《そう》置《ち》により直接接続《ちょくせつせつぞく》されることをいう。

No.18 給湯設備《きゅうとうせつび》に関《かん》する記述《きじゅつ》のうち、**適当《てきとう》でないもの**はどれか。

1　FF方式《ほうしき》のガス給湯器《きゅうとうき》とは、燃焼用《ねんしょうよう》の外気導入《がいきどうにゅう》と燃焼排《ねんしょうはい》ガスの屋外《おくがい》への排出《はいしゅつ》を送風機《そうふうき》を用《もち》いて強制的《きょうせいてき》に行《おこな》う方式《ほうしき》である。

2　60℃の湯《ゆ》60リットルと、10℃の水《みず》40リットルを混合《こんごう》した時《とき》、混合時《こんごうじ》に熱損失《ねつそんしつ》がないと仮定《かてい》すると、混合水《こんごうすい》100リットルの温度《おんど》は40℃となる。

3　逃《にが》し管《かん》は、加熱《かねつ》による水《みず》の膨張《ぼうちょう》で装置内《そうちない》の圧力《あつりょく》が異常《いじょう》に上昇《じょうしょう》しないように設《もう》ける。

4　湯《ゆ》の使用温度《しようおんど》は、一般的《いっぱんてき》に、給茶用《きゅうちゃよう》、洗面用《せんめんよう》ともに50℃程度《ていど》である。

No.19 衛生器具《えいせいきぐ》の「名称《めいしょう》」と当該器具《とうがいきぐ》の「トラップの最小口径《さいしょうこうけい》」の組《くみ》合《あわ》せのうち、**適当《てきとう》でないもの**はどれか。

（名称《めいしょう》）　　　　（トラップの最小口径《さいしょうこうけい》）

1　大便器《だいべんき》 ―――――― 75mm

2　掃除用流《そうじようなが》し ―――――― 50mm

3　汚物流《おぶつなが》し ―――――― 75mm

4　壁掛《かべか》け小型小便器《こがたしょうべんき》 ―――― 40mm

No.20 排水《はいすい》・通気設備《つうきせつび》に関《かん》する記述《きじゅつ》のうち、**適当《てきとう》でないもの**はどれか。

1　トラップの封水《ふうすい》は、誘導《ゆうどう》サイホン作用《さよう》、自己《じこ》サイホン作用《さよう》、蒸発《じょうはつ》、毛管現象等《もうかんげんしょうとう》により損失《そんしつ》する場合《ばあい》がある。

2　建物内《たてものない》で用《もち》いられる代表的《だいひょうてき》な排水通気方式《はいすいつうきほうしき》には、ループ通気方式《つうきほうしき》、各個通気方式《かっこつうきほうしき》、伸頂通気方式等《しんちょうつうきほうしきとう》がある。

3　各個通気管《かっこつうきかん》は、器具《きぐ》のトラップ下流側《かりゅうがわ》の排水管《はいすいかん》より取《と》り出《だ》す。

4　管《かん》トラップの形式《けいしき》には、Sトラップ、Pトラップ、Uトラップ及《およ》びわんトラップがある。

解説▶別冊 p.56 ▶▶▶

No.21 屋内消火栓設備《おくないしょうかせんせつび》において、加圧送水装置《かあつそうすいそうち》の方式《ほうしき》として、**適当《てきとう》でないもの**はどれか。

1 水道直結《すいどうちょっけつ》による方式《ほうしき》
2 高架水槽《こうかすいそう》による方式《ほうしき》
3 圧力水槽《あつりょくすいそう》による方式《ほうしき》
4 ポンプによる方式《ほうしき》

No.22 ガス設備《せつび》に関《かん》する記述《きじゅつ》のうち、**適当《てきとう》でないもの**はどれか。

1 貯蔵能力《ちょぞうのうりょく》1,000kg未満《みまん》のバルク貯槽《ちょそう》は、その外面《がいめん》から2m以内《いない》にある火気《かき》をさえぎる措置《そち》を講《こう》じ、かつ、屋外《おくがい》に設置する。
2 液化石油《えきかせきゆ》ガス（LPG）用《よう》のガス漏《も》れ警報器《けいほうき》の有効期間《ゆうこうきかん》は、5年《ねん》である。
3 ガスの比重《ひじゅう》が1未満《みまん》の場合《ばあい》、ガス漏《も》れ警報設備《けいほうせつび》の検知器《けんちき》は燃焼器等《ねんしょうきとう》から水平距離《すいへいきょり》10m以内《いない》に設《もう》ける。
4 パイプシャフト内《ない》に密閉式《みっぺいしき》ガス湯沸器《ゆわかしき》を設置《せっち》する場合《ばあい》、シャフト点《てん》検扉等《けんとびらとう》に換気口《かんきこう》を設《もう》ける。

No.23 浄化槽《じょうかそう》の構造方法《こうぞうほうほう》を定《さだ》める告示《こくじ》に示《しめ》された分離接触《ぶんりせっしょく》ばっ気方式《きほうしき》（処理対象人員《しょりたいしょうじんいん》30人以下《にんいか》）の処理《しょり》フローとして、**正《ただ》しいもの**はどれか。

1
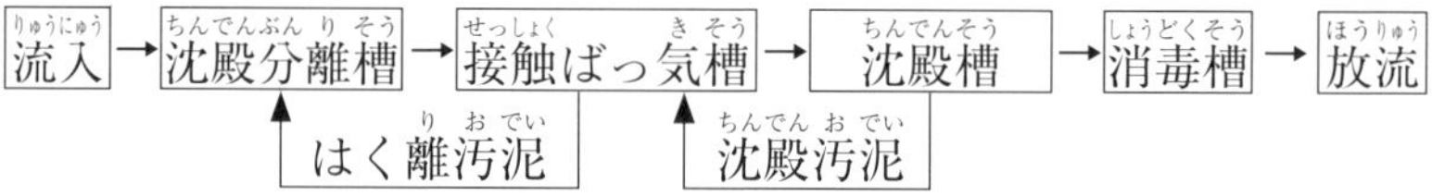

2
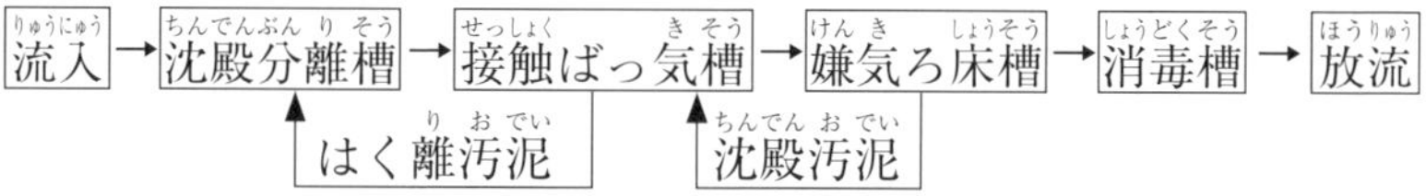

3
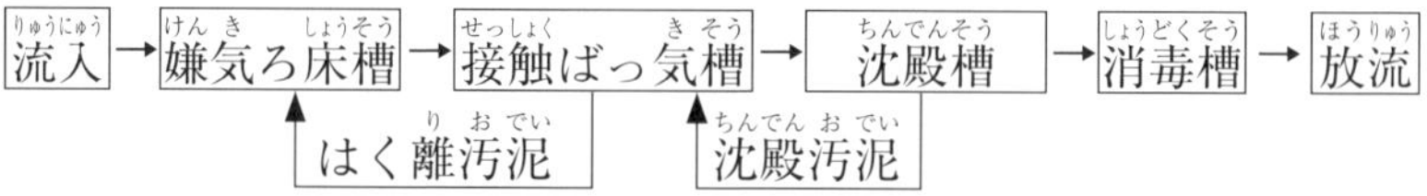

4　流入《りゅうにゅう》→沈殿槽《ちんでんそう》→接触《せっしょく》ばっ気槽《きそう》→沈殿分離槽《ちんでんぶんりそう》→消毒槽《しょうどくそう》→放流《ほうりゅう》

（はく離《り》汚泥《おでい》→沈殿槽、沈殿《ちんでん》汚泥《おでい》→接触ばっ気槽）

※問題番号《もんだいばんごう》No.24からNo.28までの５問題《もんだい》は必須問題《ひっすもんだい》です。全問題《ぜんもんだい》を解答《かいとう》してください。

No.24

空気調和機《くうきちょうわき》に関《かん》する記述《きじゅつ》のうち、**適当《てきとう》でないもの**はどれか。

1　パッケージ形空気調和機《がたくうきちょうわき》は、圧縮機《あっしゅくき》、熱源側熱交換器《ねつげんがわねつこうかんき》、利用側熱交換器《りようがわねつこうかんき》、膨張弁《ぼうちょうべん》、送風機《そうふうき》、エアフィルター等《とう》が、屋外機《おくがいき》や屋内機《おくないき》に収納《しゅうのう》される。

2　ユニット形空気調和機《がたくうきちょうわき》の風量調節《ふうりょうちょうせつ》には、インバーター、スクロールダンパー及《およ》びインレットベーン方式《ほうしき》があり、省《しょう》エネルギー効果《こうか》が最《もっと》も高《たか》いのはインバーター方式《ほうしき》である。

3　ガスエンジンヒートポンプ式空気調和機《しきくうきちょうわき》は、エンジンの排《はい》ガスや冷却水《れいきゃくすい》の排熱《はいねつ》の有効利用《ゆうこうりよう》により高《たか》い冷房能力《れいぼうのうりょく》が得《え》られる。

4　ユニット形空気調和機《がたくうきちょうわき》は、冷却《れいきゃく》、加熱《かねつ》の熱源装置《ねつげんそうち》を持《も》たず、ほかから供給《きょうきゅう》される冷温水等《れいおんすいとう》を用《もち》いて空気《くうき》を処理《しょり》し送風《そうふう》する機器《きき》である。

No.25

設備機器《せつびきき》に関《かん》する記述《きじゅつ》のうち、**適当《てきとう》でないもの**はどれか。

1　冷却塔《れいきゃくとう》は、冷凍機等《れいとうきとう》で作《つく》る冷水《れいすい》を利用《りよう》して冷却水《れいきゃくすい》の水温《すいおん》を下《さ》げる装置《そうち》である。

2　遠心《えんしん》ポンプでは、吐出《はきだ》し量《りょう》は羽根車《はねぐるま》の回転速度《かいてんそくど》に比例《ひれい》して変化《へんか》し、揚程《ようてい》は回転速度《かいてんそくど》の２乗《じょう》に比例《ひれい》して変化《へんか》する。

3　軸流送風機《じくりゅうそうふうき》は、軸方向《じくほうこう》から空気《くうき》が入《はい》り、軸方向《じくほうこう》に抜《ぬ》けるものである。

4　パン形加湿器《がたかしつき》は、水槽内《すいそうない》の水《みず》を電気《でんき》ヒーター等《とう》により加熱《かねつ》し蒸気《じょうき》を発生《はっせい》させて加湿《かしつ》する装置《そうち》である。

解説▶別冊 p.58 ▶▶▶

No.26 配管材料及《はいかんざいりょうおよ》び配管附属品《はいかんふぞくひん》に関《かん》する記述《きじゅつ》のうち、**適当《てきとう》でないもの**はどれか。

1　バタフライ弁《べん》は、仕切弁《しきりべん》に比《くら》べ、取付《とりつ》けスペースが小《ちい》さい。
2　逆止《ぎゃくと》め弁《べん》は、チャッキ弁《べん》とも呼《よ》ばれ、スイング式《しき》、リフト式等《しきとう》がある。
3　硬質《こうしつ》ポリ塩化《えんか》ビニル管《かん》の接合《せつごう》は、接着接合《せっちゃくせつごう》、ゴム輪接合等《わせつごうとう》がある。
4　硬質《こうしつ》ポリ塩化《えんか》ビニル管《かん》のVU管《かん》は、VP管《かん》に比《くら》べて設計圧力《せっけいあつりょく》が高《たか》い。

No.27 ダクト及《およ》びダクト附属品《ふぞくひん》に関《かん》する記述《きじゅつ》のうち、**適当《てきとう》でないもの**はどれか。

1　長方形《ちょうほうけい》ダクトの板厚《いたあつ》は、ダクトの周長《しゅうちょう》により決定《けってい》する。
2　長方形《ちょうほうけい》ダクトのアスペクト比《ひ》（長辺《ちょうへん》/短辺《たんぺん》）は、原則《げんそく》として4以下《いか》とする。
3　フレキシブルダクトは、一般的《いっぱんてき》に、ダクトと吹出口等《ふきだしぐちとう》との接続用《せつぞくよう》として用《もち》いられる。
4　変風量《へんふうりょう》ユニットは、室内《しつない》の負荷変動《ふかへんどう》に応《おう》じて風量《ふうりょう》を変化《へんか》させるものである。

No.28 「設備機器《せつびきき》」と「設計図書《せっけいとしょ》に記載《きさい》する項目《こうもく》」の組合《くみあわ》せのうち、**適当《てきとう》でないもの**はどれか。

	（設備機器《せつびきき》）	（設計図書《せっけいとしょ》に記載《きさい》する項目《こうもく》）
1	空気熱源《くうきねつげん》ヒートポンプユニット	冷温水出入口温度《れいおんすいでいりぐちおんど》
2	送風機《そうふうき》	初期抵抗《しょきていこう》
3	冷却塔《れいきゃくとう》	騒音値《そうおんち》
4	瞬間湯沸器《しゅんかんゆわかしき》	号数《ごうすう》

※問題番号《もんだいばんごう》No.29からNo.38までの10問題《もんだい》のうちから8問題《もんだい》を選択《せんたく》し、解答《かいとう》してください。

No.29 公共工事《こうきょうこうじ》の施工計画等《せこうけいかくとう》に関《かん》する記述《きじゅつ》のうち、**適当《てきとう》でないもの**はどれか。

1　工事《こうじ》に使用《しよう》する資機材《しきざい》は、石綿《いしわた》を含有《がんゆう》しないものとする。

2　仮設計画《かせつけいかく》は、設計図書《せっけいとしょ》に特別《とくべつ》の定《さだ》めがない場合《ばあい》、原則《げんそく》として請負者《うけおいしゃ》の責任《せきにん》において定《さだ》める。

3　現場説明書《げんばせつめいしょ》と質問回答書《しつもんかいとうしょ》の内容《ないよう》に相違《そうい》がある場合《ばあい》は、現場説明書《げんばせつめいしょ》の内容《ないよう》が優先《ゆうせん》される。

4　工事写真《こうじしゃしん》は、後日《ごじつ》の目視検査《もくしけんさ》が容易《ようい》でない箇所《かしょ》のほか、設計図書《せっけいとしょ》で定《さだ》められている箇所《かしょ》についても撮影《さつえい》しなければならない。

解説▶別冊 p.60 ▶▶▶

No.30 下図《かず》に示《しめ》すネットワーク工程表《こうていひょう》について、クリティカルパスの「本数《ほんすう》」と「所要日数《しょようにっすう》」の組合《くみあわ》せとして、**適当《てきとう》なもの**はどれか。ただし、図中《ずちゅう》のイベント間《かん》のA～Hは作業内容《さぎょうないよう》、日数《にっすう》は作業日《さぎょうにっ》数《すう》を表《あらわ》す。

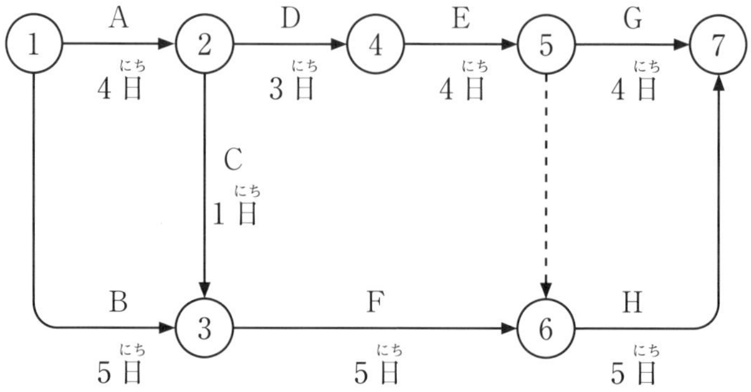

(本数《ほんすう》)　(所要日数《しょようにっすう》)

1　1本《ぽん》―― 15日《にち》

2　1本《ぽん》―― 16日《にち》

3　2本《ほん》―― 15日《にち》

4　2本《ほん》―― 16日《にち》

No.31 品質《ひんしつ》を確認《かくにん》するための検査《けんさ》に関《かん》する記述《きじゅつ》のうち、**適当《てきとう》でないもの**はどれか。

1　抜取検査《ぬきとりけんさ》には、計数抜取検査《けいすうぬきとりけんさ》と計量抜取検査《けいりょうぬきとりけんさ》がある。

2　品物《しなもの》を破壊《はかい》しなければ検査《けんさ》の目的《もくてき》を達《たっ》し得《え》ない場合《ばあい》は、全数検査《ぜんすうけんさ》を行《おこな》う。

3　不良品《ふりょうひん》を見逃《みのが》すと人身事故《じんしんじこ》のおそれがある場合《ばあい》は、全数検査《ぜんすうけんさ》を行《おこな》う。

4　抜取検査《ぬきとりけんさ》では、ロットとして、合格《ごうかく》、不合格《ふごうかく》が判定《はんてい》される。

No.32 建設工事《けんせつこうじ》における安全管理《あんぜんかんり》に関《かん》する記述《きじゅつ》のうち、**適当《てきとう》でないもの**はどれか。

1 熱中症予防《ねっちゅうしょうよぼう》のための指標《しひょう》として、気温《きおん》、湿度《しつど》及《およ》び輻射熱《ふくしゃねつ》に関《かん》する値《あたい》を組《く》み合《あ》わせて計算《けいさん》する暑《あつ》さ指数《しすう》（WBGT）がある。

2 回転《かいてん》する刃物《はもの》を使用《しよう》する作業《さぎょう》では、手《て》が巻《ま》き込《こ》まれるおそれがあるので、手袋《てぶくろ》の使用《しよう》を禁止《きんし》する。

3 労働者《ろうどうしゃ》が、就業場所《しゅうぎょうばしょ》から他《た》の就業場所《しゅうぎょうばしょ》へ移動《いどう》する途中《とちゅう》で被《こうむ》った災害《さいがい》は、通勤災害《つうきんさいがい》に該当《がいとう》しない。

4 ツールボックスミーティングとは、関係《かんけい》する作業者《さぎょうしゃ》が作業開始前《さぎょうかいしまえ》に集《あつ》まり、その日《ひ》の作業《さぎょう》、安全等《あんぜんとう》について話合《はなしあ》いを行《おこな》うことである。

No.33 機器《きき》の据付《すえつ》けに関《かん》する記述《きじゅつ》のうち、**適当《てきとう》でないもの**はどれか。

1 飲料用受水《いんりょうようじゅすい》タンクの上部《じょうぶ》には、排水設備《はいすいせつび》や空気調和設備《くうきちょうわせつび》の配管等《はいかんとう》、飲料水以外《いんりょうすいいがい》の配管《はいかん》は通《とお》さないようにする。

2 送風機及《そうふうきおよ》びモーターのプーリーの芯出《しんだ》しは、プーリーの外側面《そとがわめん》に定《じょう》規《ぎ》、水糸等《みずいととう》を当《あ》て出入《でい》りを調整《ちょうせい》する。

3 汚物排水槽《おぶつはいすいそう》に設《もう》ける排水用水中《はいすいようすいちゅう》モーターポンプは、点検《てんけん》、引上《ひきあ》げに支障《ししょう》がないように、点検用《てんけんよう》マンホールの真下近《ましたちか》くに設置《せっち》する。

4 壁付洗面器《かべつきせんめんき》を軽量鉄骨《けいりょうてっこつ》ボード壁《かべ》に取《と》り付《つ》ける場合《ばあい》は、ボードに直接《ちょくせつ》バックハンガーを取《と》り付《つ》ける。

解説▶別冊 p.62 ▶▶▶

No.34 配管《はいかん》及《およ》び配管《はいかん》附属品《ふぞくひん》の施工《せこう》に関《かん》する記述《きじゅつ》のうち、**適当《てきとう》でないもの**はどれか。

1　呼《よ》び径《けい》100の屋内横走《おくないよこばし》り排水管《はいすいかん》の最小勾配《さいしょうこうばい》は、$\frac{1}{200}$とする。

2　排水《はいすい》トラップの封水深《ふうすいしん》は、50mm以上《いじょう》100mm以下《いか》とする。

3　便所《べんじょ》の床下排水管《ゆかしたはいすいかん》は、一般的《いっぱんてき》に、勾配《こうばい》を考慮《こうりょ》して排水管《はいすいかん》を給水管《きゅうすいかん》より先《さき》に施工《せこう》する。

4　3階以上《かいいじょう》にわたる排水立《はいすいた》て管《かん》には、各階《かくかい》ごとに満水試験継手《まんすいしけんつぎて》を取《と》り付《つ》ける。

No.35 ダクト及《およ》びダクト附属品《ふぞくひん》の施工《せこう》に関《かん》する記述《きじゅつ》のうち、**適当《てきとう》でないもの**はどれか。

1　給排気《きゅうはいき》ガラリの面風速《めんふうそく》は、騒音《そうおん》の発生等《はっせいとう》を考慮《こうりょ》して決定《けってい》する。

2　ダクトの断面《だんめん》を変形《へんけい》させるときの縮小部《しゅくしょうぶ》の傾斜角度《けいしゃかくど》は、30度以下《どいか》とする。

3　送風機《そうふうき》の接続《せつぞく》ダクトに風量測定口《ふうりょうそくていこう》を設《もう》ける場合《ばあい》は、送風機《そうふうき》の吐出《はきだ》し口《ぐち》の直後《ちょくご》に取《と》り付《つ》ける。

4　浴室等《よくしつとう》の多湿箇所《たしつかしょ》の排気《はいき》ダクトは、一般的《いっぱんてき》に、その継目《つぎめ》及《およ》び継手《つぎて》にシールを施《ほどこ》す。

No.36 塗装《とそう》に関《かん》する記述《きじゅつ》のうち、**適当《てきとう》でないもの**はどれか。

1　塗料《とりょう》の調合《ちょうごう》は、原則《げんそく》として、工事現場《こうじげんば》で行《おこな》う。

2　塗装《とそう》の工程間隔時間《こうていかんかくじかん》は、材料《ざいりょう》の種類《しゅるい》、気象条件等《きしょうじょうけんとう》に応《おう》じて定《さだ》める。

3　塗装場所《とそうばしょ》の気温《きおん》が5℃以下《いか》の場合《ばあい》、原則《げんそく》として、塗装《とそう》は行《おこな》わない。

4　下塗《したぬ》り塗料《とりょう》としては、一般的《いっぱんてき》に、さび止《ど》めペイントが使用《しよう》される。

No.37

異種管《いしゅかん》の接合《せつごう》に関《かん》する記述《きじゅつ》のうち、**適当《てきとう》でないもの**はどれか。

1　金属異種管《きんぞくいしゅかん》の接合《せつごう》でイオン化傾向《かけいこう》が大《おお》きく異《こと》なるものは、絶縁継手《ぜつえんつぎて》を介《かい》して接合《せつごう》する。

2　配管用炭素鋼鋼管《はいかんようたんそこうこうかん》と銅管《どうかん》の接合《せつごう》は、絶縁《ぜつえん》フランジ接合《せつごう》とする。

3　配管用炭素鋼鋼管《はいかんようたんそこうこうかん》とステンレス鋼管《こうかん》の接合《せつごう》は、防振継手《ぼうしんつぎて》を介《かい》して接《せつ》合《ごう》する。

4　配管用炭素鋼鋼管《はいかんようたんそこうこうかん》と硬質塩化《こうしつえんか》ビニル管《かん》の接合《せつごう》は、ユニオン又《また》はソケットを用《もち》いて接合《せつごう》する。

No.38

空気調和設備《くうきちょうわせつび》の試運転調整《しうんてんちょうせい》における「測定対象《そくていたいしょう》」と「測定機《そくていき》器《き》」の組合《くみあわ》せのうち、**適当《てきとう》でないもの**はどれか。

	（測定対象《そくていたいしょう》）	（測定機器《そくていきき》）
1	ダクト内圧力《ないあつりょく》 ――――	直読式検知管《ちょくどくしきけんちかん》
2	ダクト内風量《ないふうりょう》 ――――	熱線風速計《ねっせんふうそくけい》
3	室内温湿度《しつないおんしつど》 ――――	アスマン通風乾湿計《つうふうかんしつけい》
4	室内気流《しつないきりゅう》 ――――	カタ計《けい》

解説▶別冊 p.64 ▶▶▶

※問題番号《もんだいばんごう》No.39からNo.48までの10問題《もんだい》のうちから8問題《もんだい》を選択《せんたく》し、解答《かいとう》してください。

No.39

建設工事《けんせつこうじ》の作業所《さぎょうしょ》における安全衛生管理《あんぜんえいせいかんり》に関《かん》する記述《きじゅつ》のうち、「労働安全衛生法《ろうどうあんぜんえいせいほう》」上《じょう》、**誤《あやま》っているもの**はどれか。

1 事業者《じぎょうしゃ》は、労働者《ろうどうしゃ》の作業内容《さぎょうないよう》を変更《へんこう》したときは、当該労働者《とうがいろうどうしゃ》に対《たい》し、その従事《じゅうじ》する業務《ぎょうむ》に関《かん》する安全又《あんぜんまた》は衛生《えいせい》のための教育《きょういく》を行《おこな》わなければならない。

2 事業者《じぎょうしゃ》は、移動《いどう》はしごを使用《しよう》する場合《ばあい》、はしごの幅《はば》は30cm以上《いじょう》のものでなければ使用《しよう》してはならない。

3 事業者《じぎょうしゃ》は、可燃性《かねんせい》ガス及《およ》び酸素《さんそ》を用《もち》いて行《おこな》う金属《きんぞく》の溶接《ようせつ》、溶断又《ようだんまた》は加熱《かねつ》の業務《ぎょうむ》に使用《しよう》するガス等《とう》の容器《ようき》の温度《おんど》を40度以下《どいか》に保《たも》たなければならない。

4 事業者《じぎょうしゃ》は、酸素欠乏危険作業《さんそけつぼうきけんさぎょう》に労働者《ろうどうしゃ》を従事《じゅうじ》させる場合《ばあい》は、当該作《とうがいさ》業《ぎょう》を行《おこな》う場所《ばしょ》の空気中《くうきちゅう》の酸素《さんそ》の濃度《のうど》を15%以上《いじょう》に保《たも》つように換気《かんき》しなければならない。

No.40

災害補償《さいがいほしょう》に関《かん》する記述《きじゅつ》のうち、「労働基準法《ろうどうきじゅんほう》」上《じょう》、**誤《あやま》っているもの**はどれか。

1 労働者《ろうどうしゃ》が業務上負傷《ぎょうむじょうふしょう》し、又《また》は疾病《しっぺい》にかかった場合《ばあい》においては、使用者《しようしゃ》は、その費用《ひよう》で必要《ひつよう》な療養《りょうよう》を行《おこな》い、又《また》は必要《ひつよう》な療養《りょうよう》の費用《ひよう》を負担《ふたん》しなければならない。

2 労働者《ろうどうしゃ》が業務上負傷《ぎょうむじょうふしょう》し、労働《ろうどう》することができないために賃金《ちんぎん》を受《う》けない場合《ばあい》においては、使用者《しようしゃ》は、平均賃金《へいきんちんぎん》の$\frac{60}{100}$の休業補償《きゅうぎょうほしょう》を行《おこな》わなければならない。

3 労働者《ろうどうしゃ》が業務上負傷《ぎょうむじょうふしょう》し、又《また》は疾病《しっぺい》にかかり、治《なお》った場合《ばあい》において、その身体《しんたい》に障害《しょうがい》が存《そん》するときは、使用者《しようしゃ》は、その障害《しょうがい》の程度《ていど》に応《おう》じて、金銭的障害補償《きんせんてきしょうがいほしょう》を行《おこな》わなければならない。

4 労働者《ろうどうしゃ》が重大《じゅうだい》な過失《かしつ》によって業務上負傷《ぎょうむじょうふしょう》したときに、使用者《しようしゃ》がその過失《かしつ》について行政官庁《ぎょうせいかんちょう》の認定《にんてい》を受《う》けた場合《ばあい》においても、休業補償又《きゅうぎょうほしょうまた》は障害補償《しょうがいほしょう》を行《おこな》わなければならない。

No.41 建築物《けんちくぶつ》の面積《めんせき》、高《たか》さ及《およ》び階数《かいすう》の算定方法《さんていほうほう》に関《かん》する記述《きじゅつ》のうち、「建築基準法《けんちくきじゅんほう》」上《じょう》、**誤《あやま》っているもの**はどれか。

1　建築物《けんちくぶつ》の外壁又《がいへきまた》はこれに代《か》わる柱《はしら》の中心線《ちゅうしんせん》から水平距離《すいへいきょり》1m突《つ》き出《で》たひさしの水平投影面積《すいへいとうえいめんせき》は、当該建築物《とうがいけんちくぶつ》の建築面積《けんちくめんせき》に算入《さんにゅう》しない。

2　建築物《けんちくぶつ》の塔屋部分《とうやぶぶん》は、その用途《ようと》と面積《めんせき》にかかわらず建築物《けんちくぶつ》の階数《かいすう》に算入《さんにゅう》しない。

3　延《の》べ面積《めんせき》は、建築物《けんちくぶつ》の各階《かくかい》の床面積《ゆかめんせき》の合計《ごうけい》である。

4　屋根《やね》の棟飾《むねかざ》りは、建築物《けんちくぶつ》の高《たか》さに算入《さんにゅう》しない。

No.42 建築物《けんちくぶつ》に設《もう》ける中央管理方式《ちゅうおうかんりほうしき》の空気調和設備《くうきちょうわせつび》によって、居室《きょしつ》の空気《くうき》が適合《てきごう》しなければならない基準《きじゅん》として、「建築基準法《けんちくきじゅんほう》」上《じょう》、**誤《あやま》っているもの**はどれか。

1　浮遊粉《ふゆうふん》じんの量《りょう》は、おおむね空気《くうき》$1m^3$につき0.15mg以下《いか》とする。

2　一酸化炭素《いっさんかたんそ》の含有率《がんゆうりつ》は、おおむね100万分《まんぶん》の100以下《いか》とする。

3　炭酸《たんさん》ガスの含有率《がんゆうりつ》は、おおむね100万分《まんぶん》の1,000以下《いか》とする。

4　相対湿度《そうたいしつど》は、おおむね40％以上《いじょう》70％以下《いか》とする。

No.43 建設業《けんせつぎょう》の許可《きょか》を受《う》けた建設業者《けんせつぎょうしゃ》が、現場《げんば》に置《お》く主任技術者等《しゅにんぎじゅつしゃとう》に関《かん》する記述《きじゅつ》のうち、「建設業法《けんせつぎょうほう》」上《じょう》、**誤《あやま》っているもの**はどれか。

1　主任技術者《しゅにんぎじゅつしゃ》は、当該建設工事《とうがいけんせつこうじ》の施工計画《せこうけいかく》の作成《さくせい》、工程管理《こうていかんり》、品質管理《ひんしつかんり》その他《た》の技術上《ぎじゅつじょう》の管理及《かんりおよ》び当該建設工事《とうがいけんせつこうじ》の施工《せこう》に従事《じゅうじ》する者《もの》の技術上《ぎじゅつじょう》の指導監督《しどうかんとく》の職務《しょくむ》を誠実《せいじつ》に行《おこな》わなければならない。

2　工事現場《こうじげんば》における建設工事《けんせつこうじ》の施工《せこう》に従事《じゅうじ》する者《もの》は、主任技術者又《しゅにんぎじゅつしゃまた》は監理技術者《かんりぎじゅつしゃ》がその職務《しょくむ》として行《おこな》う指導《しどう》に従《したが》わなければならない。

3　発注者《はっちゅうしゃ》から直接建設工事《ちょくせつけんせつこうじ》を請《う》け負《お》った特定建設業者《とくていけんせつぎょうしゃ》は、その工事《こうじ》の下請契約《したうけけいやく》の請負代金《うけおいだいきん》の総額《そうがく》が一定額以上《いっていがくいじょう》の場合《ばあい》、主任技術者《しゅにんぎじゅつしゃ》の代《か》わりに監理技術者《かんりぎじゅつしゃ》を置《お》かなければならない。

4　主任技術者《しゅにんぎじゅつしゃ》は、請負契約《うけおいけいやく》の履行《りこう》を確保《かくほ》するため、請負人《うけおいにん》に代《か》わって工事《こうじ》の施工《せこう》に関《かん》する一切《いっさい》の事項《じこう》を処理《しょり》しなければならない。

解説▶別冊 p.66 ▶▶▶

No.44

建設業《けんせつぎょう》に関《かん》する記述《きじゅつ》のうち、「建設業法《けんせつぎょうほう》」上《じょう》、**誤《あやま》っているもの**はどれか。

1　建設業者《けんせつぎょうしゃ》は、建設工事《けんせつこうじ》の注文者《ちゅうもんしゃ》から請求《せいきゅう》があったときは、請負契約《うけおいけいやく》の成立後《せいりつご》、速《すみ》やかに建設工事《けんせつこうじ》の見積書《みつもりしょ》を交付《こうふ》しなければならない。

2　建設業者《けんせつぎょうしゃ》は、共同住宅《きょうどうじゅうたく》を新築《しんちく》する建設工事《けんせつこうじ》を請《う》け負《お》った場合《ばあい》、いかなる方法《ほうほう》をもってするかを問《と》わず、一括《いっかつ》して他人《たにん》に請《う》け負《お》わせてはならない。

3　請負人《うけおいにん》は、現場代理人《げんばだいりにん》を置《お》く場合《ばあい》においては、当該現場代理人《とうがいげんばだいりにん》の権限《けんげん》に関《かん》する事項等《じこうとう》を、書面《しょめん》により注文者《ちゅうもんしゃ》に通知《つうち》しなければならない。

4　建設工事《けんせつこうじ》の請負契約《うけおいけいやく》の当事者《とうじしゃ》は、契約《けいやく》の締結《ていけつ》に際《さい》して、工事内容《こうじないよう》、請負代金《うけおいだいきん》の額《がく》、工事着手《こうじちゃくしゅ》の時期及《じきおよ》び工事完成《こうじかんせい》の時期等《じきとう》を書面《しょめん》に記載《きさい》し、相互《そうご》に交付《こうふ》しなければならない。

No.45

消防《しょうぼう》の用《よう》に供《きょう》する設備《せつび》のうち、「消防法《しょうぼうほう》」上《じょう》、消火設備《しょうかせつび》に**該当《がいとう》しないもの**はどれか。

1　消火器《しょうかき》

2　屋内消火栓設備《おくないしょうかせんせつび》

3　防火水槽《ぼうかすいそう》

4　スプリンクラー設備《せつび》

No.46

次《つぎ》の建設資材《けんせつしざい》のうち、「建設工事《けんせつこうじ》に係《かか》る資材《しざい》の再資源化等《さいしげんかとう》に関《かん》する法律《ほうりつ》」上《じょう》、再資源化《さいしげんか》が特《とく》に必要《ひつよう》とされる特定建設資材《とくていけんせつしざい》に**該《がい》当《とう》しないもの**はどれか。

1　コンクリート及《およ》び鉄《てつ》から成《な》る建設資材《けんせつしざい》

2　アスファルト・コンクリート

3　アスファルト・ルーフィング

4　木材《もくざい》

No.47 「騒音規制法《そうおんきせいほう》」上《じょう》、特定建設作業《とくていけんせつさぎょう》に伴《ともな》って発生《はっせい》する騒音《そうおん》を規制《きせい》する指定地域内《していちいきない》において、災害《さいがい》その他非常《たひじょう》の事態《じたい》の発生《はっせい》により当該特定建設作業《とうがいとくていけんせつさぎょう》を緊急《きんきゅう》に行《おこな》う必要《ひつよう》がある場合《ばあい》にあっても、当《とう》該騒音《がいそうおん》について規制《きせい》が**適用《てきよう》されるもの**はどれか。

1　1日《にち》14時間《じかん》を超《こ》えて行《おこな》われる作業《さぎょう》に伴《ともな》って発生《はっせい》する騒音《そうおん》

2　深夜《しんや》に行《おこな》われる作業《さぎょう》に伴《ともな》って発生《はっせい》する騒音《そうおん》

3　連続《れんぞく》して6日間《にちかん》を超《こ》えて行《おこな》われる作業《さぎょう》に伴《ともな》って発生《はっせい》する騒音《そうおん》

4　作業場所《さぎょうばしょ》の敷地境界線《しききょうかいせん》において、85デシベルを超《こ》える大《おお》きさの騒音《そうおん》

No.48 廃棄物《はいきぶつ》の処理《しょり》に関《かん》する記述《きじゅつ》のうち、「廃棄物《はいきぶつ》の処理及《しょりおよ》び清掃《せいそう》に関《かん》する法律《ほうりつ》」上《じょう》、**誤《あやま》っているもの**はどれか。

1　地山《じやま》の掘削《くっさく》により生《しょう》じる土砂《どしゃ》は、産業廃棄物《さんぎょうはいきぶつ》として処理《しょり》する。

2　廃《はい》エアコンディショナー（国内《こくない》における日常生活《にちじょうせいかつ》に伴《ともな》って生《しょう》じたものに限《かぎ》る。）に含《ふく》まれるポリ塩化《えんか》ビフェニルを使用《しよう》する部品《ぶひん》は、特別《とくべつ》管理一般廃棄物《かんりいっぱんはいきぶつ》である。

3　建築物《けんちくぶつ》の改築《かいちく》に伴《ともな》い生《しょう》じた衛生陶器《えいせいとうき》の破片《はへん》は、産業廃棄物《さんぎょうはいきぶつ》として処《しょ》理《り》する。

4　建築物《けんちくぶつ》の改築《かいちく》に伴《ともな》い除去《じょきょ》したビニル床《ゆか》タイルに、石綿《いしわた》をその重量《じゅうりょう》の0.1%を超《こ》えて含有《がんゆう》する場合《ばあい》、石綿含有産業廃棄物《いしわたがんゆうさんぎょうはいきぶつ》として処理《しょり》する。

解説▶別冊 p.69 ▶▶▶

※問題番号《もんだいばんごう》No.49からNo.52までの問題《もんだい》の正解《せいかい》は、1問《もん》について二《ふた》つです。
当該問題番号《とうがいもんだいばんごう》の解答記入欄《かいとうきにゅうらん》の正解《せいかい》と思《おも》う数字《すうじ》を二《ふた》つぬりつぶしてください。
1問《もん》について、一《ひと》つだけぬりつぶしたものや、三《みっ》つ以上《いじょう》ぬりつぶしたものは、正解《せいかい》となりません。

※問題番号《もんだいばんごう》No.49からNo.52までの4問題《もんだい》は必須問題《ひっすもんだい》です。全問題《ぜんもんだい》を解答《かいとう》してください。

No.49

工程表《こうていひょう》に関《かん》する記述《きじゅつ》のうち、**適当《てきとう》でないもの**はどれか。
適当《てきとう》でないものは二《ふた》つあるので、二《ふた》つとも答《こた》えなさい。

1　ガントチャート工程表《こうていひょう》は、各作業《かくさぎょう》の進行度合《しんこうどあ》いが把握《はあく》しやすく、建《けん》築工事《ちくこうじ》で頻繁《ひんぱん》に使用《しよう》される。

2　ガントチャート工程表《こうていひょう》は、各作業《かくさぎょう》の前後関係《ぜんごかんけい》が不明等《ふめいとう》の欠点《けってん》があり、これを改善《かいぜん》し発展《はってん》させたものがバーチャート工程表《こうていひょう》である。

3　バーチャート工程表《こうていひょう》は、作業間《さぎょうかん》の順序関係《じゅんじょかんけい》が理解《りかい》しやすく、大規模《だいきぼ》工事《こうじ》を管理《かんり》するのに適《てき》している。

4　ネットワーク工程表《こうていひょう》は、工期《こうき》の短縮《たんしゅく》や遅《おく》れなどに速《すみ》やかに対処《たいしょ》・対《たい》応《おう》できる特徴《とくちょう》を持《も》っている。

No.50

機器《きき》の据《すえ》付《つ》けに関《かん》する記述《きじゅつ》のうち、**適当《てきとう》でないもの**はどれか。
適当《てきとう》でないものは二《ふた》つあるので、二《ふた》つとも答《こた》えなさい。

1　ユニット形空気調和機《がたくうきちょうわき》の基礎《きそ》の高《たか》さは、ドレンパンからの排水《はいすい》に空《くう》調機用《ちょうきよう》トラップを設《もう》けるため150mm程度《ていど》とする。

2　冷却塔《れいきゃくとう》を建物《たてもの》の屋上《おくじょう》に設置《せっち》する場合《ばあい》は、防振装置《ぼうしんそうち》を取《と》り付《つ》けてはならない。

3　冷凍機《れいとうき》に接続《せつぞく》する冷水《れいすい》、冷却水《れいきゃくすい》の配管《はいかん》は、荷重《かじゅう》が直接本体《ちょくせつほんたい》にかからないようにする。

4　排水用水中《はいすいようすいちゅう》モーターポンプは、ピットの壁《かべ》から50mm程度離《ていどはな》して設《せっ》置《ち》する。

No.51 配管及《はいかんおよ》び配管附属品《はいかんふぞくひん》の施工《せこう》に関《かん》する記述《きじゅつ》のうち、**適当《てきとう》でないもの**はどれか。

適当《てきとう》でないものは二《ふた》つあるので、二《ふた》つとも答《こた》えなさい。

1　雨水《うすい》ますには、ます内《ない》に排水《はいすい》や固形物《こけいぶつ》が滞留《たいりゅう》しないようにインバートを設《もう》ける。

2　排水用硬質塩化《はいすいようこうしつえんか》ビニルライニング鋼管《こうかん》の接続《せつぞく》には、排水鋼管用可《はいすいこうかんようか》とう継手《つぎて》（MDジョイント）を使用《しよう》する。

3　鋼管《こうかん》のねじ加工《かこう》には、切削《せっさく》ねじ加工《かこう》と転造《てんぞう》ねじ加工《かこう》がある。

4　樹脂《じゅし》ライニング鋼管《こうかん》を切断《せつだん》する場合《ばあい》には、ねじ加工機《かこうき》に附属《ふぞく》するパイプカッターを使用《しよう》する。

No.52 ダクト及《およ》びダクト附属品《ふぞくひん》に関《かん》する記述《きじゅつ》のうち、**適当《てきとう》でないもの**はどれか。

適当《てきとう》でないものは二《ふた》つあるので、二《ふた》つとも答《こた》えなさい。

1　ダクトを拡大《かくだい》する場合《ばあい》は、15度以下《どいか》の拡大角度《かくだいかくど》とする。

2　風量測定口《ふうりょうそくていこう》の数《かず》は、一般的《いっぱんてき》に、ダクトの長辺《ちょうへん》が700mmの場合《ばあい》は、1個《こ》とする。

3　防火区画《ぼうかくかく》と防火《ぼうか》ダンパーとの間《あいだ》のダクトは、厚《あつ》さ1.2mm以上《いじょう》の鋼板《こうはん》製《せい》とする。

4　外壁《がいへき》に取《と》り付《つ》けるガラリには、衛生上有害《えいせいじょうゆうがい》なものの侵入《しんにゅう》を防《ふせ》ぐため、金網等《かなあみとう》を設《もう》ける。

解説▶別冊 p.70 ▶▶▶

MEMO

2級管工事施工管理技術検定試験

令和4年度（前期）

第一次検定

■選択問題《せんたくもんだい》は、指定数《していすう》を超《こ》えて解答《かいとう》した場合《ばあい》、減点《げんてん》となります。

・問題番号《もんだいばんごう》No.1からNo.6までの6問題《もんだい》は必須問題《ひっすもんだい》です。全問題《ぜんもんだい》を解《かい》答《とう》してください。

・問題番号《もんだいばんごう》No.7からNo.23までの17問題《もんだい》のうちから9問題《もんだい》を選択《せんたく》し、解答《かいとう》してください。

・問題番号《もんだいばんごう》No.24からNo.28までの5問題《もんだい》は必須問題《ひっすもんだい》です。全問題《ぜんもんだい》を解答《かいとう》してください。

・問題番号《もんだいばんごう》No.29からNo.38までの10問題《もんだい》のうちから8問題《もんだい》を選択《せんたく》し、解答《かいとう》してください。

・問題番号《もんだいばんごう》No.39からNo.48までの10問題《もんだい》のうちから8問題《もんだい》を選択《せんたく》し、解答《かいとう》してください。

・問題番号《もんだいばんごう》No.49からNo.52までの4問題《もんだい》は、施工管理法《せこうかんりほう》(基礎的《きそてき》な能《のう》力《りょく》)の問題《もんだい》で、必須問題《ひっすもんだい》です。全問題《ぜんもんだい》を解答《かいとう》してください。

◆第一次検定結果データ◆

受検者数	5,759人
合格者数	2,903人
合格率	50.4%

合格基準	24問以上

別冊p.178～179に解答用紙がありますので，コピーしてお使いください。

令和4年度　前期

2級 管工事施工管理技術検定

第一次検定問題

※問題番号《もんだいばんごう》No.1からNo.48までの問題《もんだい》の正解《せいかい》は、1問《もん》について一《ひと》つです。
当該問題番号《とうがいもんだいばんごう》の解答記入欄《かいとうきにゅうらん》の正解《せいかい》と思《おも》う数字《すうじ》を一《ひと》つぬりつぶしてください。
1問《もん》について、二《ふた》つ以上《いじょう》ぬりつぶしたものは、正解《せいかい》となりません。

※問題番号《もんだいばんごう》No.1からNo.6までの6問題《もんだい》は必須問題《ひっすもんだい》です。全問題《ぜんもんだい》を解《かい》答《とう》してください。

No. 1　湿《しめ》り空気《くうき》に関《かん》する記述《きじゅつ》のうち、**適当《てきとう》でないもの**はどれか。

1　湿《しめ》り空気《くうき》の全圧《ぜんあつ》が一定《いってい》の場合《ばあい》、乾球温度《かんきゅうおんど》と相対湿度《そうたいしつど》が定《さだ》まると、絶《ぜっ》対湿度《たいしつど》が定《さだ》まる。

2　絶対湿度《ぜったいしつど》は、湿《しめ》り空気中《くうきちゅう》に含《ふく》まれている乾《かわ》き空気《くうき》1kgに対《たい》する水蒸《すいじょう》気《き》の質量《しつりょう》で表《あらわ》す。

3　飽和湿《ほうわしめ》り空気《くうき》の乾球温度《かんきゅうおんど》と湿球温度《しっきゅうおんど》は等《ひと》しい。

4　飽和湿《ほうわしめ》り空気《くうき》を冷却《れいきゃく》すると、相対湿度《そうたいしつど》は上昇《じょうしょう》する。

No. 2　水《みず》に関《かん》する記述《きじゅつ》のうち、**適当《てきとう》でないもの**はどれか。

1　濁度《だくど》は水《みず》の濁《にご》りの程度《ていど》を示《しめ》し、色度《しきど》は水《みず》の色《いろ》の程度《ていど》を示《しめ》す度数《どすう》である。

2　CODは、汚濁水《おだくすい》を酸化剤《さんかざい》で化学的《かがくてき》に酸化《さんか》するときに消費《しょうひ》される酸素《さんそ》量《りょう》をいう。

3　DOは、水《みず》に溶《と》けない懸濁性《けんだくせい》の物質《ぶっしつ》の量《りょう》を示《しめ》す指標《しひょう》である。

4　硬度《こうど》は、水中《すいちゅう》に溶存《ようぞん》するカルシウムイオン及《およ》びマグネシウムイオンの量《りょう》を示《しめ》す指標《しひょう》である。

No. 3

流体《りゅうたい》に関《かん》する記述《きじゅつ》のうち、**適当《てきとう》でないもの**はどれか。

1　水《みず》は、一般的《いっぱんてき》にニュートン流体《りゅうたい》として扱《あつか》われる。
2　1気圧《きあつ》のもとで水《みず》の密度《みつど》は、4℃付近《ふきん》で最大《さいだい》となる。
3　液体《えきたい》の粘性係数《ねんせいけいすう》は、温度《おんど》が高《たか》くなるにつれて減少《げんしょう》する。
4　大気圧《たいきあつ》の1気圧《きあつ》の大《おお》きさは、概《おおむ》ね深《ふか》さ1mの水圧《すいあつ》に相当《そうとう》する。

No. 4

熱《ねつ》に関《かん》する記述《きじゅつ》のうち、**適当《てきとう》でないもの**はどれか。

1　単位質量《たんいしつりょう》の物体《ぶったい》の温度《おんど》を1℃上《あ》げるのに必要《ひつよう》な熱量《ねつりょう》を比熱《ひねつ》という。
2　熱《ねつ》エネルギーが低温部《ていおんぶ》から高温部《こうおんぶ》に移動《いどう》することを熱移動《ねついどう》という。
3　単一物質《たんいつぶっしつ》では、固体《こたい》から液体《えきたい》への相変化《そうへんか》における温度《おんど》は変《か》わらない。
4　熱《ねつ》と仕事《しごと》は、ともにエネルギーの一種《いっしゅ》であり、これらは相互《そうご》に変換《へんかん》することができる。

No. 5

電気設備《でんきせつび》に関《かん》する「機器又《ききまた》は方式《ほうしき》」と「特徴《とくちょう》」の組合《くみあわ》せのうち、**適当《てきとう》でないもの**はどれか。

	(機器又《ききまた》は方式《ほうしき》)		(特徴《とくちょう》)
1	進相《しんそう》コンデンサ	――	回路《かいろ》の力率《りきりつ》を改善《かいぜん》できる。
2	3Eリレー（保護継電器《ほごけいでんき》）	――	回路《かいろ》の逆相《ぎゃくそう》（反相《はんそう》）を保護《ほご》できる。
3	全電圧始動《ぜんでんあつしどう》（直入始動《じかいれしどう》）	――	始動時《しどうじ》のトルクを制御《せいぎょ》できる。
4	スターデルタ始動《しどう》	――	始動時《しどうじ》の電流《でんりゅう》を抑制《よくせい》できる。

解説▶別冊 p.74 ▶▶▶

No. 6

コンクリート打設後《だせつご》の初期養生《しょきようじょう》に関《かん》する記述《きじゅつ》のうち、**適当《てきとう》でないもの**はどれか。

1 硬化中《こうかちゅう》のコンクリートに振動《しんどう》を与《あた》えると、締《し》め固《かた》め効果《こうか》が高《たか》まる。

2 養生温度《ようじょうおんど》が低《ひく》い場合《ばあい》は、高《たか》い場合《ばあい》よりもコンクリートの強度《きょうど》の発現《はつげん》が遅《おそ》い。

3 コンクリートの露出面《ろしゅつめん》をシートで覆《おお》い、直射日光《ちょくしゃにっこう》や風《かぜ》から保護《ほご》する。

4 湿潤養生《しつじゅんようじょう》は、コンクリートの強度《きょうど》の発現《はつげん》をより促進《そくしん》させる。

※問題番号《もんだいばんごう》No.7からNo.23までの17問題《もんだい》のうちから9問題《もんだい》を選択《せんたく》し、解答《かいとう》してください。

No. 7

定風量単一《ていふうりょうたんいつ》ダクト方式《ほうしき》に関《かん》する記述《きじゅつ》のうち、**適当《てきとう》でないもの**はどれか。

1 送風量《そうふうりょう》を一定《いってい》にして送風温度《そうふうおんど》を変化《へんか》させる。

2 各室《かくしつ》ごとの温度制御《おんどせいぎょ》が容易《ようい》である。

3 一般的《いっぱんてき》に、空調機《くうちょうき》は機械室《きかいしつ》にあるため、維持管理《いじかんり》が容易《ようい》である。

4 送風量《そうふうりょう》が多《おお》いため、室内《しつない》の清浄度《せいじょうど》を保《たも》ちやすい。

No. 8 居室《きょしつ》の温湿度《おんしつど》が下図《かず》に示《しめ》す空気線図上《くうきせんずじょう》にあるとき、窓《まど》ガラス表《ひょう》面《めん》に結露《けつろ》を生《しょう》ずる可能性《かのうせい》が**最《もっと》も低《ひく》いもの**はどれか。ただし、窓《まど》ガラスの居室側表面温度《きょしつがわひょうめんおんど》は10℃とする。

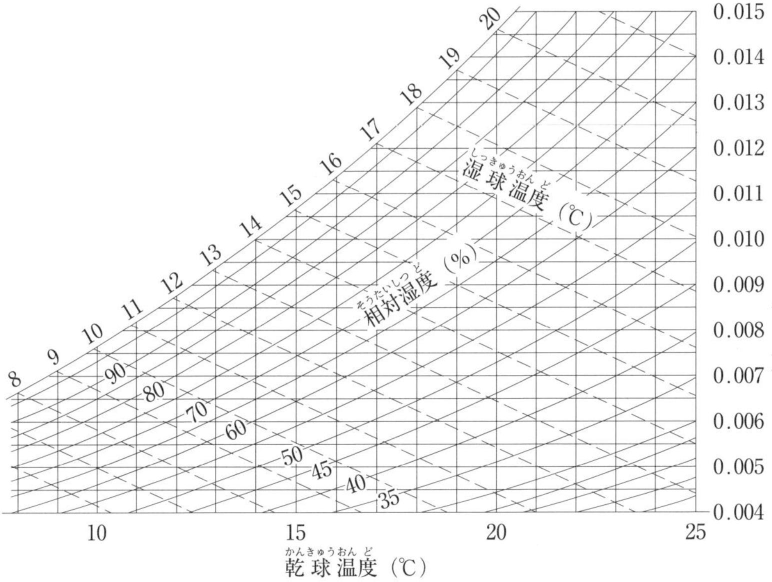

1 居室《きょしつ》の乾球温度《かんきゅうおんど》が22℃、相対湿度《そうたいしつど》が50%のとき。
2 居室《きょしつ》の乾球温度《かんきゅうおんど》が20℃、相対湿度《そうたいしつど》が55%のとき。
3 居室《きょしつ》の乾球温度《かんきゅうおんど》が18℃、相対湿度《そうたいしつど》が60%のとき。
4 居室《きょしつ》の乾球温度《かんきゅうおんど》が16℃、相対湿度《そうたいしつど》が65%のとき。

解説▶別冊 p.75 ▶▶▶

No.9

熱負荷《ねつふか》に関《かん》する記述《きじゅつ》のうち、**適当《てきとう》でないもの**はどれか。

1 顕熱比《けんねつひ》（SHF）とは、潜熱負荷《せんねつふか》に対《たい》する顕熱負荷《けんねつふか》の割合《わりあい》をいう。

2 暖房負荷計算《だんぼうふかけいさん》では、一般的《いっぱんてき》に、日射負荷《にっしゃふか》は考慮《こうりょ》しない。

3 外気負荷《がいきふか》には、顕熱《けんねつ》と潜熱《せんねつ》がある。

4 日射負荷《にっしゃふか》は、顕熱《けんねつ》のみである。

No.10

空気清浄装置《くうきせいじょうそうち》に関《かん》する記述《きじゅつ》のうち、**適当《てきとう》でないもの**はどれか。

1 ロール状《じょう》ろ材《ざい》を自動的《じどうてき》に巻《ま》き取《と》る自動更新方式《じどうこうしんほうしき》は、一般空調用《いっぱんくうちょうよう》に使《し》用《よう》される。

2 HEPAフィルターは、クリーンルームなどで最終段《さいしゅうだん》フィルターとして使用《しよう》される。

3 活性炭《かっせいたん》などを使用《しよう》した化学吸着式《かがくきゅうちゃくしき》は、粉《ふん》じんの除去《じょきょ》に使用《しよう》される。

4 静電式《せいでんしき》は、一般空調用《いっぱんくうちょうよう》に使用《しよう》される。

No.11

コールドドラフトの防止《ぼうし》に関《かん》する記述《きじゅつ》のうち、**適当《てきとう》でないもの**はどれか。

1 屋外《おくがい》より侵入《しんにゅう》する隙間風《すきまかぜ》を減《へ》らすため、外壁《がいへき》に面《めん》する建具《たてぐ》の気密性《きみつせい》を高《たか》める。

2 外壁面《がいへきめん》からの熱損失《ねつそんしつ》を減《へ》らすため、外壁面《がいへきめん》の熱通過率《ねつつうかりつ》を小《ちい》さくする。

3 窓面《まどめん》からの熱損失《ねつそんしつ》を減《へ》らすため、二重《にじゅう》ガラスを使用《しよう》する。

4 自然対流形《しぜんたいりゅうがた》の放熱器《ほうねつき》は、できるだけ内壁側《ないへきがわ》に設置《せっち》する。

No.12

吸収冷凍機《きゅうしゅうれいとうき》に関《かん》する記述《きじゅつ》のうち、**適当《てきとう》でないもの**はどれか。

1 吸収冷凍機《きゅうしゅうれいとうき》は、遠心冷凍機《えんしんれいとうき》に比《くら》べて冷却塔《れいきゃくとう》の容量《ようりょう》が大《おお》きくなる。

2 吸収冷凍機《きゅうしゅうれいとうき》の容量制御《ようりょうせいぎょ》は、蒸発器《じょうはつき》にて行《おこな》う。

3 吸収冷凍機《きゅうしゅうれいとうき》より遠心冷凍機《えんしんれいとうき》の方《ほう》が、低《ひく》い温度《おんど》の冷水《れいすい》を取《と》り出《だ》すことができる。

4 吸収冷凍機《きゅうしゅうれいとうき》の冷媒《れいばい》は水《みず》である。

No.13 換気《かんき》に関《かん》する記述《きじゅつ》のうち、**適当《てきとう》でないもの**はどれか。

1　吸収冷温水機室《きゅうしゅうれいおんすいきしつ》の換気《かんき》には、第《だい》3種機械換気《しゅきかいかんき》を採用《さいよう》する。

2　エアカーテンは、出入口《でいりぐち》に特別《とくべつ》な気流《きりゅう》を生《しょう》じさせて、外気《がいき》と室内空《しつないくう》気《き》の混合《こんごう》を抑制《よくせい》する。

3　臭気《しゅうき》、燃焼《ねんしょう》ガスなどの汚染源《おせんげん》の異《こと》なる換気《かんき》は、同一系統《どういつけいとう》にしない。

4　密閉式《みっぺいしき》の燃焼器具《ねんしょうきぐ》を設《もう》けた室《しつ》には、当該器具《とうがいきぐ》の燃焼空気《ねんしょうくうき》のための換《かん》気設備《きせつび》を設《もう》けなくてもよい。

No.14 図《ず》に示《しめ》すような室《しつ》を換気扇《かんきせん》で換気《かんき》する場合《ばあい》、給気口《きゅうきこう》の寸法《すんぽう》として、**適当《てきとう》なもの**はどれか。ただし、換気扇《かんきせん》の風量《ふうりょう》は720m³/h、給《きゅう》気口《きこう》の有効開口面風速《ゆうこうかいこうめんふうそく》は2m/s、給気口《きゅうきこう》の有効開口率《ゆうこうかいこうりつ》は30%とする。

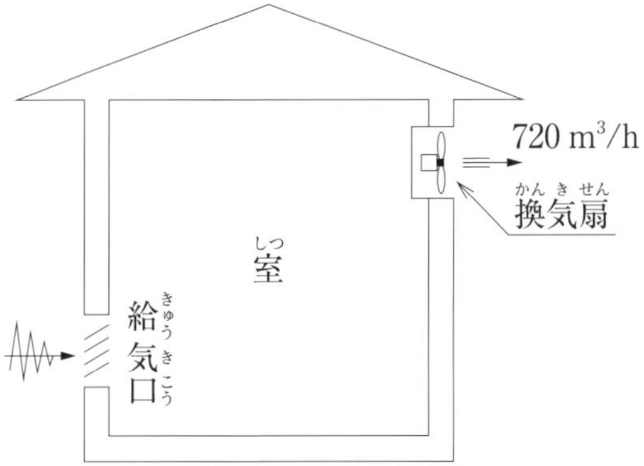

1　600mm × 400mm

2　700mm × 400mm

3　700mm × 500mm

4　800mm × 600mm

解説▶別冊 p.77 ▶▶▶

No.15

上水道《じょうすいどう》に関《かん》する記述《きじゅつ》のうち、**適当《てきとう》でないもの**はどれか。

1　配水管《はいすいかん》から分水栓《ぶんすいせん》又《また》はサドル付分水栓《つきぶんすいせん》により給水管《きゅうすいかん》を取《と》り出《だ》す場《ば》合《あい》、他《た》の給水管《きゅうすいかん》の取《と》り出《だ》し位置《いち》との間隔《かんかく》を15cm以上《いじょう》とする。

2　簡易専用水道《かんいせんようすいどう》とは、水道事業《すいどうじぎょう》の用《よう》に供《きょう》する水道《すいどう》から供給《きょうきゅう》を受《う》ける水《みず》のみを水源《すいげん》とし、水《みず》の供給《きょうきゅう》を受《う》けるために設《もう》けられる水槽《すいそう》の有効容量《ゆうこうようりょう》の合計《ごうけい》が$10m^3$を超《こ》えるものをいう。

3　浄水施設《じょうすいしせつ》における緩速《かんそく》ろ過方式《かほうしき》は、一般的《いっぱんてき》に、原水水質《げんすいすいしつ》が良好《りょうこう》で濁《だく》度《ど》も低《ひく》く安定《あんてい》している場合《ばあい》に採用《さいよう》される。

4　給水装置《きゅうすいそうち》とは、水道事業者《すいどうじぎょうしゃ》の敷設《ふせつ》した配水管《はいすいかん》から分岐《ぶんき》して設《もう》けられた給水管《きゅうすいかん》及《およ》びこれに直結《ちょっけつ》する給水用具《きゅうすいようぐ》をいう。

No.16

下水道《げすいどう》に関《かん》する記述《きじゅつ》のうち、**適当《てきとう》でないもの**はどれか。

1　建物《たてもの》からの排水《はいすい》が排除基準《はいじょきじゅん》に適合《てきごう》していない場合《ばあい》には、除害施設等《じょがいしせつとう》を設《もう》けなければならない。

2　生活《せいかつ》に起因《きいん》する廃水《はいすい》（汚水《おすい》）や雨水《うすい》は、下水《げすい》である。

3　排水管《はいすいかん》の土被《どかぶ》りは、建物《たてもの》の敷地内《しきちない》では、原則《げんそく》として20cm以上《いじょう》とする。

4　排水設備《はいすいせつび》の雨水《うすい》ますの底《そこ》には、深《ふか》さ10cm以上《いじょう》の泥《どろ》だまりを設《もう》ける。

No.17

給水設備《きゅうすいせつび》に関《かん》する記述《きじゅつ》のうち、**適当《てきとう》でないもの**はどれか。

1　水道直結方式《すいどうちょっけつほうしき》は、高置《こうち》タンク方式《ほうしき》に比《くら》べ、水質汚染《すいしつおせん》の可能性《かのうせい》が低《ひく》い。

2　省《しょう》エネルギー性《せい》を向上《こうじょう》させる項目《こうもく》には、節水式衛生器具《せっすいしきえいせいきぐ》の採用《さいよう》、水《すい》道直結方式《どうちょっけつほうしき》の採用《さいよう》（低層建物《ていそうたてもの》の場合《ばあい》）等《とう》がある。

3　「建築物《けんちくぶつ》における衛生的環境《えいせいてきかんきょう》の確保《かくほ》に関《かん》する法律《ほうりつ》」に基《もと》づく特定建《とくていけん》築物《ちくぶつ》において、雑用水用水槽《ざつようすいようすいそう》は法令上《ほうれいじょう》の点検《てんけん》は義務付《ぎむづ》けられていない。

4　給水管《きゅうすいかん》への逆《ぎゃく》サイホン作用《さよう》による汚染《おせん》の防止《ぼうし》には、吐水口空間《とすいこうくうかん》の確《かく》保《ほ》が基本《きほん》となる。

No.18

給湯設備《きゅうとうせつび》に関《かん》する記述《きじゅつ》のうち、**適当《てきとう》でないもの**はどれか。

1　給湯配管《きゅうとうはいかん》には、水道用硬質塩化《すいどうようこうしつえんか》ビニルライニング鋼管《こうかん》を使用《しよう》する。

2　ヒートポンプ給湯機《きゅうとうき》は、大気中《たいきちゅう》の熱《ねつ》エネルギーを給湯《きゅうとう》の加熱《かねつ》に利用《りよう》するものである。

3　給湯配管《きゅうとうはいかん》をコンクリート内《ない》に敷設《ふせつ》する場合《ばあい》は、保温材《ほおんざい》などをクッション材《ざい》として機能《きのう》させて、熱膨張《ねつぼうちょう》の伸縮《しんしゅく》によって配管《はいかん》が破断《はだん》しないように措置《そち》を行《おこな》う。

4　ガス瞬間湯沸器《しゅんかんゆわかしき》の先止《さきど》め式《しき》とは、機器《きき》の出口側《でぐちがわ》（給湯先《きゅうとうさき》）の湯栓《ゆせん》の開閉《かいへい》でバーナーを着火《ちゃっか》・消火《しょうか》できる方式《ほうしき》をいう。

No.19

排水《はいすい》·通気設備《つうきせつび》に関《かん》する記述《きじゅつ》のうち、**適当《てきとう》でないもの**はどれか。

1　排水《はいすい》トラップのディップとは、水底面頂部《みずそこめんちょうぶ》のことである。

2　自己《じこ》サイホン作用《さよう》とは、トラップ内《ない》や器具排水管内《きぐはいすいかんない》を排水《はいすい》が満流状態《まんりゅうじょうたい》で流《なが》れるためサイホン作用《さよう》が生《しょう》じ、封水《ふうすい》が誘引《ゆういん》されて損失《そんしつ》する現象《げんしょう》をいう。

3　伸頂通気管《しんちょうつうきかん》は、排水立管《はいすいたてかん》の上部《じょうぶ》を通気管《つうきかん》として延長《えんちょう》し大気中《たいきちゅう》に開口《かいこう》する。

4　排水管《はいすいかん》の管径《かんけい》は、器具排水《きぐはいすい》トラップの口径《こうけい》より小《ち》さくしてよい。

No.20

排水設備《はいすいせつび》に関《かん》する記述《きじゅつ》のうち、**適当《てきとう》でないもの**はどれか。

1　器具排水負荷単位法《きぐはいすいふかたんいほう》において、排水横主管《はいすいよこしゅかん》は同《おな》じ管径《かんけい》であれば勾配《こうばい》に関係《かんけい》なく許容《きょよう》される排水負荷単位数《はいすいふかたんいすう》は同《おな》じである。

2　排水管径《はいすいかんけい》40mmの排水勾配《はいすいこうばい》は $\frac{1}{50}$ とする。

3　地中埋設排水管《ちちゅうまいせつはいすいかん》の管径《かんけい》は、50mm以上《いじょう》が望《のぞ》ましい。

4　ボトルトラップはSトラップと比《くら》べて封水損失《ふうすいそんしつ》は少《すく》ない。

解説▶別冊 p.79 ▶▶▶

No.21 屋内消火栓設備《おくないしょうかせんせつび》に関《かん》する記述《きじゅつ》のうち、**適当《てきとう》でないもの**はどれか。

1 1号消火栓《ごうしょうかせん》は、防火対象物《ぼうかたいしょうぶつ》の階《かい》ごとに、その階《かい》の各部《かくぶ》からの水平距《すいへいきょ》離《り》が25m以下《いか》となるように設置《せっち》する。

2 屋内消火栓箱《おくないしょうかせんばこ》には、床面《ゆかめん》からの高《たか》さが1.2mの位置《いち》に、ポンプによる加圧送水装置《かあつそうすいそうち》の停止用押《ていしようお》しボタンを設置《せっち》する。

3 2号消火栓《ごうしょうかせん》（広範囲型《こうはんいがた》を除《のぞ》く。）は、防火対象物《ぼうかたいしょうぶつ》の階《かい》ごとに、その階《かい》の各部《かくぶ》からの水平距離《すいへいきょり》が15m以下《いか》となるように設置《せっち》する。

4 屋内消火栓《おくないしょうかせん》の開閉弁《かいへいべん》は、自動式《じどうしき》のものでない場合《ばあい》、床面《ゆかめん》からの高《たか》さが1.5m以下《いか》の位置《いち》に設置《せっち》する。

No.22 ガス設備《せつび》に関《かん》する記述《きじゅつ》のうち、**適当《てきとう》でないもの**はどれか。

1 液化石油《えきかせきゆ》ガス（LPG）のバルク供給方式《きょうきゅうほうしき》は、工場《こうじょう》や集合住宅等《しゅうごうじゅうたくとう》に用《もち》いられる。

2 都市《とし》ガスの低圧供給方式《ていあつきょうきゅうほうしき》は、一般的《いっぱんてき》に、0.1MPa以上《いじょう》の圧力《あつりょく》で供給《きょうきゅう》される。

3 液化石油《えきかせきゆ》ガス（LPG）の一般家庭《いっぱんかてい》用のガス容器《ようき》には、一般的《いっぱんてき》に、10kg、20kg、50kgのものがある。

4 「ガス事業法《じぎょうほう》」による特定《とくてい》ガス用品《ようひん》の基準《きじゅん》に適合《てきごう》している器具《きぐ》には、PSマークが表示《ひょうじ》される。

No.23 浄化槽《じょうかそう》に関《かん》する記述《きじゅつ》のうち、**適当《てきとう》でないもの**はどれか。

1 厨房排水等《ちゅうぼうはいすいとう》、油脂類濃度《ゆしるいのうど》が高《たか》い排水《はいすい》が流入《りゅうにゅう》する場合《ばあい》には、前処理《まえしょり》として油脂分離槽又《ゆしぶんりそうまた》は油脂分離装置《ゆしぶんりそうち》を設《もう》ける必要《ひつよう》がある。

2 処理工程《しょりこうてい》の一次処理《いちじしょり》とは、主《しゅ》として沈降性《ちんこうせい》の浮遊物《ふゆうぶつ》を除去《じょきょ》することである。

3 小規模合併浄化槽《しょうきぼがっぺいじょうかそう》では、窒素《ちっそ》やりん等《とう》はほとんど除去《じょきょ》することができる。

4 生物処理法《せいぶつしょりほう》のひとつである嫌気性処理法《けんきせいしょりほう》では、有機物《ゆうきぶつ》がメタンガスや二酸化炭素《にさんかたんそ》等《とう》に変化《へんか》する。

※問題番号《もんだいばんごう》No.24からNo.28までの５問題《もんだい》は必須問題《ひっすもんだい》です。全問題《ぜんもんだい》を解答《かいとう》してください。

No.24 設備機器《せつびきき》に関《かん》する記述《きじゅつ》のうち、**適当《てきとう》でないもの**はどれか。

1　ボイラーの容量《ようりょう》は、最大連続負荷《さいだいれんぞくふか》における毎時出力《まいじしゅつりょく》によって表《あらわ》され、温水《おんすい》ボイラーは熱出力《ねつしゅつりょく》〔W〕で表《あらわ》す。

2　インバータ制御方式《せいぎょほうしき》のパッケージ形空気調和機《がたくうきちょうわき》は、インバータを用《もち》いて電源《でんげん》の周波数《しゅうはすう》を変化《へんか》させて電動機《でんどうき》の回転数《かいてんすう》を変化《へんか》させることにより、冷暖房能力《れいだんぼうのうりょく》を制御《せいぎょ》する。

3　大便器《だいべんき》、小便器《しょうべんき》、洗面器等《せんめんきとう》の衛生器具《えいせいきぐ》には、陶器以外《とうきいがい》にも、ほうろう、ステンレス、プラスチック等《とう》の器具《きぐ》がある。

4　汚水用水中《おすいようすいちゅう》モーターポンプは、浄化槽《じょうかそう》への流入水等《りゅうにゅうすいとう》、固形物《こけいぶつ》も含《ふく》んだ水《みず》を排出《はいしゅつ》するためのポンプである。

No.25 飲料用給水《いんりょうようきゅうすい》タンクに関《かん》する記述《きじゅつ》のうち、**適当《てきとう》でないもの**はどれか。

1　鋼板製《こうばんせい》タンク内《ない》の防錆処理《ぼうせいしょり》は、エポキシ樹脂等《じゅしとう》の樹脂系塗料《じゅしけいとりょう》によるコーティングを施《ほどこ》す。

2　FRP製《せい》タンクは、軽量《けいりょう》で施工性《せこうせい》に富《と》み、日光《にっこう》を遮断《しゃだん》し紫外線《しがいせん》にも強《つよ》い等優《とうすぐ》れた特性《とくせい》を持《も》つ。

3　ステンレス鋼板製《こうばんせい》タンクを使用《しよう》する場合《ばあい》、タンク内上部《ないじょうぶ》の気相部《きそうぶ》は塩素《えんそ》が滞留《たいりゅう》しやすいので耐食性《たいしょくせい》に優《すぐ》れたステンレスを使用《しよう》する。

4　通気口《つうきこう》は、衛生上有害《えいせいじょうゆうがい》なものが入《はい》らない構造《こうぞう》とし、防虫網《ぼうちゅうあみ》を設《もう》ける。

解説▶別冊 p.82 ▶▶▶

No.26

配管附属品《はいかんふぞくひん》に関《かん》する記述《きじゅつ》のうち、**適当《てきとう》でないもの**はどれか。

1　Y形《がた》ストレーナーは、円筒形《えんとうけい》のスクリーンを流路《りゅうろ》に対《たい》して45度《ど》傾《かたむ》けた構造《こうぞう》で、横引《よこび》きの配管《はいかん》では、上部《じょうぶ》にスクリーンを引《ひ》き抜《ぬ》く。

2　U形《がた》ストレーナーは、上部《じょうぶ》のカバーを外《はず》し上方《じょうほう》にスクリーンを引《ひ》き抜《ぬ》く。

3　ストレート形《かた》ストレーナーは、流体《りゅうたい》がストレートに流《なが》れる構造《こうぞう》でY形《がた》及《およ》びU形《がた》のストレーナーに比《くら》べ圧力損失《あつりょくそんしつ》が小《ちい》さい。

4　複式《ふくしき》バケット形《がた》のオイルストレーナーは、ストレーナーの点検《てんけん》が容《よう》易《い》な構造《こうぞう》である。

No.27

ダクト及《およ》びダクト附属品《ふぞくひん》に関《かん》する記述《きじゅつ》のうち、**適当《てきとう》でないもの**はどれか。

1　スパイラルダクトの接続《せつぞく》には、差込《さしこ》み継手《つぎて》又《また》はフランジ継手《つぎて》を用《もち》いる。

2　エルボの内側半径《うちがわはんけい》は、円形《えんけい》ダクトではダクトの直径《ちょっけい》の$\frac{1}{2}$以上《いじょう》とする。

3　ダクトの断面《だんめん》を変形《へんけい》させる場合《ばあい》、上流側《じょうりゅうがわ》の拡大角度《かくだいかくど》及《およ》び下流側《かりゅうがわ》の縮《しゅく》小角度《しょうかくど》は45度以内《どいない》とする。

4　長方形《ちょうほうけい》ダクトの板厚《いたあつ》は、長辺《ちょうへん》と短辺《たんぺん》とも同《おな》じである。

No.28

次《つぎ》の書類《しょるい》のうち「公共工事標準請負契約約款《こうきょうこうじひょうじゅんうけおいけいやくやっかん》」上《じょう》、設計図書《せっけいとしょ》に**含《ふく》まれないもの**はどれか。

1　現場説明《げんばせつめい》に対《たい》する質問回答書《しつもんかいとうしょ》

2　実施工程表《じっしこうていひょう》

3　仕様書《しようしょ》

4　設計図面《せっけいずめん》

※問題番号《もんだいばんごう》No.29からNo.38までの10問題《もんだい》のうちから8問題《もんだい》を選択《せんたく》し、解答《かいとう》してください。

No.29 公共工事《こうきょうこうじ》における施工計画等《せこうけいかくとう》に関《かん》する記述《きじゅつ》のうち、**適当《てきとう》でないもの**はどれか。

1　施工期間中《せこうきかんちゅう》の各工事《かくこうじ》において養生《ようじょう》が必要《ひつよう》となる場合《ばあい》は、あらかじめ施工計画書《せこうけいかくしょ》に明記《めいき》する。

2　工事現場《こうじげんば》の施工体制《せこうたいせい》において、主任技術者《しゅにんぎじゅつしゃ》は現場代理人《げんばだいりにん》を兼任《けんにん》することはできない。

3　現場説明書《げんばせつめいしょ》と設計図面《せっけいずめん》の内容《ないよう》に相違《そうい》がある場合《ばあい》は、現場説明書《げんばせつめいしょ》の内《ない》容《よう》を優先《ゆうせん》する。

4　施工図《せこうず》は、作成範囲《さくせいはんい》、作成順序《さくせいじゅんじょ》、作成予定日等《さくせいよていびとう》をあらかじめ定《さだ》め、逐次完成《ちくじかんせい》させる。

解説▶別冊 p.84 ▶▶▶

No.30 下図《かず》に示《しめ》すネットワーク工程表《こうていひょう》において、クリティカルパスの所要日数《しょようにっすう》として、**適当《てきとう》なもの**はどれか。
ただし、図中《ずちゅう》のイベント間《かん》のA～Hは作業内容《さぎょうないよう》、日数《にっすう》は作業日《さぎょうにっ》数《すう》を表《あらわ》す。

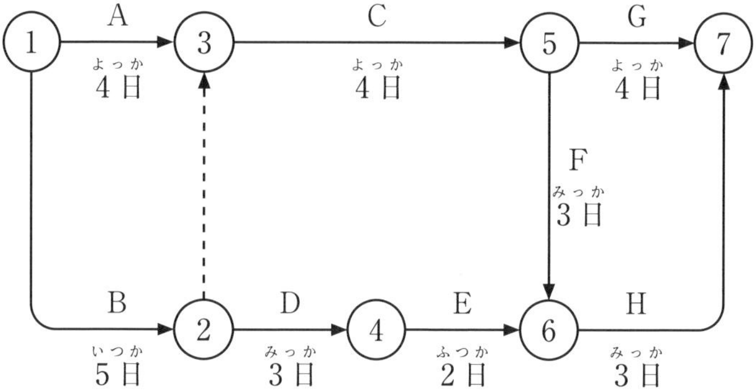

1 12日《にち》
2 13日《にち》
3 14日《か》
4 15日《にち》

No.31 品質《ひんしつ》を確認《かくにん》するための検査《けんさ》に関《かん》する記述《きじゅつ》のうち、**適当《てきとう》でないもの**はどれか。

1 防火区画《ぼうかくかく》の穴埋《あなう》めは、全数検査《ぜんすうけんさ》で確認《かくにん》する。
2 給水配管《きゅうすいはいかん》の水圧試験《すいあつしけん》は、全数検査《ぜんすうけんさ》で確認《かくにん》する。
3 ボイラーの安全弁《あんぜんべん》の作動《さどう》は、全数検査《ぜんすうけんさ》で確認《かくにん》する。
4 防火《ぼうか》ダンパーの温度《おんど》ヒューズの作動《さどう》は、全数検査《ぜんすうけんさ》で確認《かくにん》する。

No.32

建設工事《けんせつこうじ》における安全管理《あんぜんかんり》に関《かん》する記述《きじゅつ》のうち、**適当《てきとう》でないもの**はどれか。

1　重大災害《じゅうだいさいがい》とは、一時《いちどき》に3人以上《にんいじょう》の労働者《ろうどうしゃ》が、業務上死傷《ぎょうむじょうししょう》または罹病《りびょう》した災害事故《さいがいじこ》をいう。

2　指差呼称《しさこしょう》は、指《ゆび》で差《さ》し示《しめ》し、目《め》で確認《かくにん》して、大《おお》きな声《こえ》で呼称《こしょう》する安全確認《あんぜんかくにん》の手法《しゅほう》である。

3　荷《に》を吊《つ》り上《あ》げるワイヤーロープは、安全係数《あんぜんけいすう》3を確保《かくほ》し、吊《つ》り角度《かくど》を考慮《こうりょ》して長《なが》さを選定《せんてい》する。

4　一《ひと》つの荷物《にもつ》で重量《じゅうりょう》が100kg以上《いじょう》のものを貨物自動車《かもつじどうしゃ》に積《つ》む作業《さぎょう》を行《おこな》うときは、当該作業《とうがいさぎょう》を指揮《しき》する者《もの》を定《さだ》める。

No.33

機器《きき》の据付《すえつ》けに関《かん》する記述《きじゅつ》のうち、**適当《てきとう》でないもの**はどれか。

1　吸収冷温水機《きゅうしゅうれいおんすいき》は、運転時《うんてんじ》の振動《しんどう》が大《おお》きいため、一般的《いっぱんてき》に、防振基礎《ぼうしんきそ》に据《す》え付《つ》ける。

2　アンカーボルトは、機器《きき》の据付《すえつ》け後《ご》、ボルトの頂部《ちょうぶ》のねじ山《やま》がナットから3山程度《やまていど》出《で》る長《なが》さとする。

3　パッケージ形空気調和機《がたくうきちょうわき》は、コンクリート基礎上《きそじょう》に防振《ぼうしん》ゴムパッドを敷《し》いて水平《すいへい》に据《す》え付《つ》ける。

4　アンカーボルトを選定《せんてい》する場合《ばあい》、常時荷重《じょうじかじゅう》に対《たい》する許容引抜《きょようひきぬ》き荷重《かじゅう》は、長期許容引抜《ちょうききょようひきぬ》き荷重《かじゅう》とする。

解説▶別冊 p.86 ▶▶▶

No.34

配管《はいかん》の施工《せこう》に関《かん》する記述《きじゅつ》のうち、**適当《てきとう》でないもの**はどれか。

1　冷媒配管《れいばいはいかん》の銅管《どうかん》の接合《せつごう》には、差込接合《さしこみせつごう》（ろう付《づ》け）、フランジ接合《せつごう》、フレア接合《せつごう》がある。

2　水道用硬質塩化《すいどうようこうしつえんか》ビニルライニング鋼管《こうかん》のねじ接合《せつごう》においては、配管《はいかん》切断後《せつだんご》、ライニング部《ぶ》の面取《めんと》りを行《おこな》う。

3　排水立《はいすいた》て管《かん》は、下層階《かそうかい》に行《い》くに従《したが》い、途中《とちゅう》で合流《ごうりゅう》する排水量《はいすいりょう》に応《おう》じて管径《かんけい》を大《おお》きくする。

4　給水管《きゅうすいかん》の埋設深《まいせつふか》さは、私道内《しどうない》の車両通路《しゃりょうつうろ》（重車両通路部《じゅうしゃりょうつうろぶ》は除《のぞ》く。）では600mm以上《いじょう》とする。

No.35

ダクト及《およ》びダクト附属品《ふぞくひん》の施工《せこう》に関《かん》する記述《きじゅつ》のうち、**適当《てきとう》でないもの**はどれか。

1　低圧《ていあつ》ダクトに用《もち》いるコーナーボルト工法《こうほう》ダクトの板厚《いたあつ》は、アングルフランジ工法《こうほう》ダクトの板厚《いたあつ》と同《おな》じとしてよい。

2　防火区画《ぼうかくかく》を貫通《かんつう》するダクトと当該防火区画《とうがいぼうかくかく》の壁又《かべまた》は床《ゆか》との隙間《すきま》には、グラスウール保温材《ほおんざい》を充《じゅう》てんする。

3　送風機吸込口《そうふうきすいこみぐち》がダクトの直角曲《ちょっかくまが》り部近《ぶちか》くにあるときは、直角曲《ちょっかくま》がり部《ぶ》にガイドベーンを設《もう》ける。

4　アングルフランジ工法《こうほう》ダクトの横走《よこばし》り主《しゅ》ダクトでは、ダクトの末端《まったん》部《ぶ》にも振《ふ》れ止《ど》め支持《しじ》を行《おこな》う。

No.36

保温《ほおん》、保冷《ほれい》、塗装等《とそうとう》に関《かん》する記述《きじゅつ》のうち、**適当《てきとう》でないもの**はどれか。

1　冷温水配管《れいおんすいはいかん》の吊《つ》りバンドの支持部《しじぶ》には、合成樹脂製《ごうせいじゅしせい》の支持受《しじう》けを使《し》用《よう》する。

2　天井内《てんじょうない》に隠《いん》ぺいされる冷温水配管《れいおんすいはいかん》の保温《ほおん》は、水圧試験後《すいあつしけんご》に行《おこな》う。

3　アルミニウムペイントは、蒸気管《じょうきかん》や放熱器《ほうねつき》の塗装《とそう》には使用《しよう》しない。

4　塗装場所《とそうばしょ》の相対湿度《そうたいしつど》が85％以上《いじょう》の場合《ばあい》、原則《げんそく》として、塗装《とそう》を行《おこな》わない。

No.37 吐出《はきだ》しダンパーにより風量《ふうりょう》を調整《ちょうせい》する多翼送風機《たよくそうふうき》の試運転調整《しうんてんちょうせい》における一般的《いっぱんてき》な実施順序《じっしじゅんじょ》として**適当《てきとう》なもの**はどれか。

A：手元《てもと》スイッチで瞬時運転《しゅんじうんてん》し、回転方向《かいてんほうこう》を確認《かくにん》する。
B：吐出《はきだ》しダンパーを全開《ぜんかい》にする。
C：吐出《はきだ》しダンパーを全閉《ぜんぺい》にする。
D：送風機《そうふうき》を運転《うんてん》する。
E：軸受温度《じくうけおんど》を点検《てんけん》する。
F：吐出《はきだ》しダンパーを徐々《じょじょ》に開《ひら》いて規定風量《きていふうりょう》に調節《ちょうせつ》する。
G：吐出《はきだ》しダンパーを徐々《じょじょ》に閉《と》じて規定風量《きていふうりょう》に調節《ちょうせつ》する。

1　A → B → D → G → E
2　A → B → D → E → G
3　B → A → D → G → E
4　C → A → D → F → E

No.38 JISで規定《きてい》されている配管系《はいかんけい》の識別表示《しきべつひょうじ》について、管内《かんない》の「物《ぶっ》質等《しつとう》の種類《しゅるい》」とその「識別色《しきべつしょく》」の組合《くみあわ》せのうち、**適当《てきとう》でないもの**はどれか。

（物質等《ぶっしつとう》の種類《しゅるい》）　（識別色《しきべつしょく》）
1　蒸気《じょうき》 ―――― 青《あお》
2　油《あぶら》 ―――― 茶色《ちゃいろ》
3　ガス ―――― うすい黄《き》
4　電気《でんき》 ―――― うすい黄赤《きあか》

解説▶別冊 p.87 ▶▶▶

※問題番号《もんだいばんごう》No.39からNo.48までの10問題《もんだい》のうちから8問題《もんだい》を選択《せんたく》し、解答《かいとう》してください。

No.39

労働安全衛生管理《ろうどうあんぜんえいせいかんり》に関《かん》する記述《きじゅつ》のうち、「労働安全衛生法《ろうどうあんぜんえいせいほう》」上《じょう》、**誤《あやま》っているもの**はどれか。(★)

1　事業者《じぎょうしゃ》は、最大積載量《さいだいせきさいりょう》が5トン未満《みまん》の貨物自動車《かもつじどうしゃ》に荷《に》を積《つ》む作業《さぎょう》を行《おこな》うときは、床面《ゆかめん》と荷台上《にだいじょう》の荷《に》の上面《じょうめん》との間《あいだ》を安全《あんぜん》に昇降《しょうこう》するための設備《せつび》を設《もう》けなくてもよい。(☆)

2　事業者《じぎょうしゃ》は、労働者《ろうどうしゃ》に危険《きけん》を及《およ》ぼすおそれのないときを除《のぞ》き、フォークリフトを荷《に》のつり上《あ》げの用途《ようと》に使用《しよう》してはならない。

3　事業者《じぎょうしゃ》は、高所作業車《こうしょさぎょうしゃ》を用《もち》いて作業《さぎょう》(道路上《どうろじょう》の走行《そうこう》の作業《さぎょう》を除《のぞ》く。)を行《おこな》うときは、あらかじめ、作業《さぎょう》の方法《ほうほう》を示《しめ》した作業計画《さぎょうけいかく》を定《さだ》めなければならない。

4　つり上《あ》げ荷重《かじゅう》が5トン未満《みまん》の移動式《いどうしき》クレーンには、「クレーン等安全《とうあんぜん》規則《きそく》」は適用《てきよう》されない。

No.40

労働条件《ろうどうじょうけん》に関《かん》する記述《きじゅつ》のうち、「労働基準法《ろうどうきじゅんほう》」上《じょう》、**誤《あやま》っているもの**はどれか。

1　使用者《しようしゃ》は、常時使用《じょうじしよう》する労働者《ろうどうしゃ》について、定《さだ》められた様式《ようしき》によって労働者名簿《ろうどうしゃめいぼ》を作成《さくせい》しなければならない。

2　親権者《しんけんしゃ》若《も》しくは後見人又《こうけんにんまた》は行政官庁《ぎょうせいかんちょう》は、労働契約《ろうどうけいやく》が未成年者《みせいねんしゃ》に不利《ふり》であると認《みと》める場合《ばあい》においては、将来《しょうらい》に向《む》かって労働契約《ろうどうけいやく》を解除《かいじょ》することができる。

3　使用者《しようしゃ》は、満《まん》18才《さい》に満《み》たない者《もの》を危険《きけん》な業務《ぎょうむ》、衛生上又《えいせいじょうまた》は福祉《ふくし》の面《めん》から有害《ゆうがい》な業務《ぎょうむ》に従事《じゅうじ》させてはならない。

4　使用者《しようしゃ》が、その年齢《ねんれい》を証明《しょうめい》する戸籍証明書《こせきしょうめいしょ》を事業場《じぎょうじょう》に備《そな》え付《つ》けなければならないのは、満《まん》16才《さい》に満《み》たない者《もの》を雇《やとい》入《い》れる場合《ばあい》である。

No.41 建築物《けんちくぶつ》に関《かん》する記述《きじゅつ》のうち、「建築基準法《けんちくきじゅんほう》」上《じょう》、**誤《あやま》っているもの**はどれか。

1　建築基準法《けんちくきじゅんほう》は、建築物《けんちくぶつ》の敷地《しきち》、構造《こうぞう》、設備及《せつびおよ》び用途《ようと》に関《かん》する最低《さいてい》の基準《きじゅん》を定《さだ》めている。

2　建築物《けんちくぶつ》に設《もう》ける避雷針《ひらいしん》は、建築設備《けんちくせつび》である。

3　熱源機器《ねつげんきき》の過半《かはん》を更新《こうしん》する工事《こうじ》は、大規模《だいきぼ》の修繕《しゅうぜん》である。

4　コンクリートとガラスは、いずれも耐水材料《たいすいざいりょう》である。

No.42 建築物《けんちくぶつ》に設《もう》ける飲料用給水《いんりょうようきゅうすい》タンクに関《かん》する記述《きじゅつ》のうち、「建築《けんちく》基準法《きじゅんほう》」上《じょう》、**誤《あやま》っているもの**はどれか。

1　有効容量《ゆうこうようりょう》が2m³以上《いじょう》の給水《きゅうすい》タンクには、圧力《あつりょく》タンク等《とう》を除《のぞ》き、ほこりその他衛生上有害《たえいせいじょうゆうがい》なものが入《はい》らない構造《こうぞう》の通気《つうき》のための装置《そうち》を有効《ゆうこう》に設《もう》けなければならない。

2　給水《きゅうすい》タンクには、外部《がいぶ》から保守点検《ほしゅてんけん》できる小規模《しょうきぼ》な給水《きゅうすい》タンクを除《のぞ》き、保守点検《ほしゅてんけん》を容易《ようい》かつ安全《あんぜん》に行《おこな》うことができる位置《いち》に、直径《ちょっけい》45cm以上《いじょう》の円《えん》が内接《ないせつ》できるマンホールを設《もう》けなければならない。

3　給水《きゅうすい》タンク等《とう》の上部《じょうぶ》にポンプ、ボイラー、空気調和機等《くうきちょうわきとう》の機器《きき》を設《もう》ける場合《ばあい》においては、飲料水《いんりょうすい》を汚染《おせん》することのないように、衛生上必《えいせいじょうひつ》要《よう》な措置《そち》を講《こう》じなければならない。

4　金属製《きんぞくせい》の給水《きゅうすい》タンクには、衛生上支障《えいせいじょうししょう》のない有効《ゆうこう》なさび止《ど》めのための措置《そち》を講《こう》じなければならない。

解説▶別冊 p.89 ▶▶▶

No.43

建設業《けんせつぎょう》に関《かん》する記述《きじゅつ》のうち、「建設業法《けんせつぎょうほう》」上《じょう》、**誤《あやま》っているもの**はどれか。

1　「建設業《けんせつぎょう》」とは、建設工事《けんせつこうじ》の完成《かんせい》を請《う》け負《お》う営業《えいぎょう》をいい、下請契約《したうけけいやく》によるものを含《ふく》まない。

2　「下請契約《したうけけいやく》」とは、建設工事《けんせつこうじ》を他《た》の者《もの》から請《う》け負《お》った建設業《けんせつぎょう》を営《いとな》む者《もの》と他《た》の建設業《けんせつぎょう》を営《いとな》む者《もの》との間《あいだ》で当該建設工事《とうがいけんせつこうじ》の全部《ぜんぶ》又《また》は一部《いちぶ》について締結《ていけつ》される請負契約《うけおいけいやく》をいう。

3　「発注者《はっちゅうしゃ》」とは、建設工事《けんせつこうじ》の注文者《ちゅうもんしゃ》のうち、他《た》の者《もの》から請《う》け負《お》った建設工事《けんせつこうじ》の注文者《ちゅうもんしゃ》を除《のぞ》いた者《もの》をいう。

4　「元請負人《もとうけおいにん》」とは、下請契約《したうけけいやく》における注文者《ちゅうもんしゃ》で建設業者《けんせつぎょうしゃ》である者《もの》をいい、「下請負人《したうけおいにん》」とは、下請契約《したうけけいやく》における請負人《うけおいにん》をいう。

No.44

建設業《けんせつぎょう》を営《いとな》もうとする者《もの》のうち、「建設業法《けんせつぎょうほう》」上《じょう》、必要《ひつよう》となる建設業《けんせつぎょう》の許可《きょか》が国土交通大臣《こくどこうつうだいじん》の許可《きょか》に**限《かぎ》られるもの**はどれか。ただし、政令《せいれい》で定《さだ》める軽微《けいび》な建設工事《けんせつこうじ》のみを請《う》け負《お》うことを営《えい》業《ぎょう》とする者《もの》は除《のぞ》く。

1　許可《きょか》を受《う》けた建設業《けんせつぎょう》の建設工事《けんせつこうじ》を請《う》け負《お》い、それに附帯《ふたい》する他《た》の建《けん》設業《せつぎょう》の建設工事《けんせつこうじ》も請《う》け負《お》おうとする者《もの》

2　二以上《にいじょう》の都道府県《とどうふけん》の区域内《くいきない》に営業所《えいぎょうしょ》を設《もう》けて営業《えいぎょう》しようとする者《もの》

3　建設工事《けんせつこうじ》を発注者《はっちゅうしゃ》から直接《ちょくせつ》請《う》け負《お》い、施工《せこう》しようとする者《もの》

4　4000万円以上《まんえんいじょう》の下請契約《したうけけいやく》を締結《ていけつ》して管工事《かんこうじ》を施工《せこう》しようとする者《もの》

No.45

「消防法《しょうぼうほう》」に基《もと》づく届出書等《とどけでしょとう》とその届出者《とどけでしゃ》の組合《くみあわ》せのうち、「消《しょう》防法《ぼうほう》」上《じょう》、**誤《あやま》っているもの**はどれか。

	(届出書等《とどけでしょとう》)	(届出者《とどけでしゃ》)
1	消防計画作成届出書《しょうぼうけいかくさくせいとどけでしょ》	施工者《せこうしゃ》
2	工事整備対象設備等着工届出書《こうじせいびたいしょうせつびとうちゃっこうとどけでしょ》	消防設備士《しょうぼうせつびし》
3	危険物製造所《きけんぶつせいぞうじょ》・貯蔵所《ちょぞうじょ》・取扱所設置許可申請書《とりあつかいじょせっちきょかしんせいしょ》	設置者《せっちしゃ》
4	消防用設備等設置届出書《しょうぼうようせつびとうせっちとどけでしょ》	防火対象物《ぼうかたいしょうぶつ》の関係者《かんけいしゃ》

No.46 冷媒《れいばい》としてフロン類《るい》が充填《じゅうてん》されている機器《きき》のうち、「フロン類《るい》の使用《しよう》の合理化及《ごうりかおよ》び管理《かんり》の適正化《てきせいか》に関《かん》する法律《ほうりつ》」の**対象《たいしょう》でないもの**はどれか。

1　家庭用《かていよう》エアコンディショナー

2　ビル用《よう》マルチエアコンディショナー

3　ターボ冷凍機《れいとうき》

4　冷水機《れいすいき》

No.47 浄化槽《じょうかそう》に関《かん》する記述《きじゅつ》のうち、「浄化槽法《じょうかそうほう》」上《じょう》、**誤《あやま》っているもの**はどれか。

1　終末処理下水道又《しゅうまつしょりげすいどうまた》はし尿処理施設《にょうしょりしせつ》で処理《しょり》する場合《ばあい》を除《のぞ》き、浄化槽《じょうかそう》で処理《しょり》した後《あと》でなければ、し尿《にょう》を公共用水域等《こうきょうようすいいきとう》に放流《ほうりゅう》してはならない。

2　浄化槽工事《じょうかそうこうじ》を行《おこな》うときは、浄化槽設備士《じょうかそうせつびし》の資格《しかく》を有《ゆう》する者《もの》が自《みずか》ら工《こう》事《じ》を行《おこな》う場合《ばあい》を除《のぞ》き、浄化槽設備士《じょうかそうせつびし》に実地《じっち》に監督《かんとく》させなければならない。

3　浄化槽《じょうかそう》を設置《せっち》した場合《ばあい》、使用《しよう》を開始《かいし》する前《まえ》に、指定検査機関《していけんさきかん》の水質《すいしつ》検査《けんさ》を受《う》けなければならない。

4　浄化槽《じょうかそう》を工場《こうじょう》で製造《せいぞう》する場合《ばあい》、浄化槽《じょうかそう》の型式《かたしき》について、国土交通大《こくどこうつうだい》臣《じん》の認定《にんてい》を受《う》けなければならない。

No.48 産業廃棄物等《さんぎょうはいきぶつとう》の処理《しょり》に関《かん》する記述《きじゅつ》のうち、「廃棄物《はいきぶつ》の処理及《しょりおよ》び清掃《せいそう》に関《かん》する法律《ほうりつ》」上《じょう》、**誤《あやま》っているもの**はどれか。

1　建設工事《けんせつこうじ》の元請業者《もとうけぎょうしゃ》が、当該工事《とうがいこうじ》において発生《はっせい》させた産業廃棄物《さんぎょうはいきぶつ》を自《みずか》ら処理施設《しょりしせつ》へ運搬《うんぱん》する場合《ばあい》は、産業廃棄物収集運搬業《さんぎょうはいきぶつしゅうしゅううんぱんぎょう》の許可《きょか》を必要《ひつよう》としない。

2　産業廃棄物《さんぎょうはいきぶつ》の不法投棄《ふほうとうき》があった場合《ばあい》、責任《せきにん》を問《と》われるのは産業廃棄《さんぎょうはいき》物《ぶつ》の処分業者《しょぶんぎょうしゃ》で、排出事業者《はいしゅつじぎょうしゃ》に責任《せきにん》が及《およ》ぶことはない。

3　建築物《けんちくぶつ》の改築《かいちく》に伴《ともな》い廃棄《はいき》する蛍光灯《けいこうとう》の安定器《あんていき》にポリ塩化《えんか》ビフェニルが含《ふく》まれている場合《ばあい》、特別管理産業廃棄物《とくべつかんりさんぎょうはいきぶつ》として処理《しょり》しなければならない。

4　建築物《けんちくぶつ》の改築《かいちく》に伴《ともな》って生《しょう》じる紙《かみ》くず及《およ》び繊維《せんい》くずは、産業廃棄物《さんぎょうはいきぶつ》として処理《しょり》しなければならない。

解説▶別冊 p.91 ▶▶▶

※問題番号《もんだいばんごう》No.49からNo.52までの問題《もんだい》の正解《せいかい》は、1問《もん》について二《ふた》つです。
当該問題番号《とうがいもんだいばんごう》の解答記入欄《かいとうきにゅうらん》の正解《せいかい》と思《おも》う数字《すうじ》を二《ふた》つぬりつぶしてください。
1問《もん》について、一《ひと》つだけぬりつぶしたものや、三《みっ》つ以上《いじょう》ぬりつぶしたものは、正解《せいかい》となりません。

※問題番号《もんだいばんごう》No.49からNo.52までの4問題《もんだい》は必須問題《ひっすもんだい》です。全問題《ぜんもんだい》を解答《かいとう》してください。

No.49 工程表《こうていひょう》に関《かん》する記述《きじゅつ》のうち、**適当《てきとう》でないもの**はどれか。
適当《てきとう》でないものは二《ふた》つあるので、二《ふた》つとも答《こた》えなさい。

1 ガントチャート工程表《こうていひょう》は、現時点《げんじてん》における各作業《かくさぎょう》の進捗状況《しんちょくじょうきょう》が容易《ようい》に把握《はあく》できる。

2 バーチャート工程表《こうていひょう》は、ネットワーク工程表《こうていひょう》に比《くら》べ、工程《こうてい》が複雑《ふくざつ》な工事《こうじ》に適《てき》している。

3 バーチャート工程表《こうていひょう》は、ガントチャート工程表《こうていひょう》に比《くら》べ、作業間《さぎょうかん》の作《さ》業順序《ぎょうじゅんじょ》が分《わ》かりやすい。

4 ネットワーク工程表《こうていひょう》は、ガントチャート工程表《こうていひょう》に比《くら》べ、工事途中《こうじとちゅう》での計画変更《けいかくへんこう》に対処《たいしょ》しにくい。

No.50 機器《きき》の据付《すえつ》けに関《かん》する記述《きじゅつ》のうち、**適当《てきとう》でないもの**はどれか。
適当《てきとう》でないものは二《ふた》つあるので、二《ふた》つとも答《こた》えなさい。

1 小型温水《こがたおんすい》ボイラーをボイラー室内《しつない》に設置《せっち》する場合《ばあい》、ボイラー側面《そくめん》からボイラー室《しつ》の壁面《へきめん》までの距離《きょり》は、原則《げんそく》として、450mm以上《いじょう》とする。

2 送風機《そうふうき》やポンプのコンクリート基礎《きそ》をあと施工《せこう》する場合《ばあい》、当該《とうがい》コンクリート基礎《きそ》は、ダボ鉄筋等《てっきんとう》で床《ゆか》スラブと一体化《いったいか》する。

3 ボイラー室内《しつない》の燃料《ねんりょう》タンクに液体燃料《えきたいねんりょう》を貯蔵《ちょぞう》する場合《ばあい》、当該燃料《とうがいねんりょう》タンクからボイラー側面《そくめん》までの距離《きょり》は、原則《げんそく》として、1.2m以上《いじょう》とする。

4 飲料用給水《いんりょうようきゅうすい》タンクの直上《ちょくじょう》に天井《てんじょう》スラブの梁《はり》がある場合《ばあい》、当該《とうがい》タンク上面《じょうめん》から梁下面《はりかめん》までの距離《きょり》は、300mm以上《いじょう》を標準《ひょうじゅん》とする。

No.51 配管及《はいかんおよ》び配管附属品《はいかんふぞくひん》の施工《せこう》に関《かん》する記述《きじゅつ》のうち、**適当《てきとう》でないもの**はどれか。

適当《てきとう》でないものは二《ふた》つあるので、二《ふた》つとも答《こた》えなさい。

1　飲料用《いんりょうよう》タンクに設《もう》ける間接排水管《かんせつはいすいかん》の最小排水口空間《さいしょうはいすいこうくうかん》は、100mmとする。

2　フレキシブルジョイントは、温水配管《おんすいはいかん》の熱収縮《ねつしゅうしゅく》を吸収《きゅうしゅう》するために使《し》用《よう》する。

3　給水栓《きゅうすいせん》には、クロスコネクションが起《お》きないように吐水口空間《とすいこうくうかん》を設《もう》ける。

4　鋼管《こうかん》のねじ接合《せつごう》においては、余《よ》ねじ部《ぶ》に錆止《さびど》めペイントを塗布《とふ》する。

No.52 ダクト及《およ》びダクト附属品《ふぞくひん》の施工《せこう》に関《かん》する記述《きじゅつ》のうち、**適当《てきとう》でないもの**はどれか。

適当《てきとう》でないものは二《ふた》つあるので、二《ふた》つとも答《こた》えなさい。

1　フレキシブルダクトは、振動伝播防止《しんどうでんぱぼうし》のために、送風機《そうふうき》とダクトの接続《せつぞく》に使用《しよう》する。

2　亜鉛鉄板製《あえんてっぱんせい》のスパイラルダクトは、一般的《いっぱんてき》に、補強《ほきょう》は不要《ふよう》である。

3　消音《しょうおん》エルボや消音《しょうおん》チャンバーの消音内貼材《しょうおんうちばりざい》には、ポリスチレンフォーム保温材《ほおんざい》を使用《しよう》する。

4　共板《ともいた》フランジ工法《こうほう》ダクトのフランジの板厚《いたあつ》は、ダクトの板厚《いたあつ》と同《おな》じとする。

解説▶別冊 p.94 ▶▶▶

MEMO

2級管工事施工管理技術検定試験

令和3年度（後期）

第一次検定

■選択問題《せんたくもんだい》は、指定数《していすう》を超《こ》えて解答《かいとう》した場合《ばあい》、減点《げんてん》となります。

・問題番号《もんだいばんごう》No.1からNo.6までの6問題《もんだい》は必須問題《ひっすもんだい》です。全問題《ぜんもんだい》を解答《かいとう》してください。

・問題番号《もんだいばんごう》No.7からNo.23までの17問題《もんだい》のうちから9問題《もんだい》を選択《せんたく》し、解答《かいとう》してください。

・問題番号《もんだいばんごう》No.24からNo.28までの5問題《もんだい》は必須問題《ひっすもんだい》です。全問題《ぜんもんだい》を解答《かいとう》してください。

・問題番号《もんだいばんごう》No.29からNo.38までの10問題《もんだい》のうちから8問題《もんだい》を選択《せんたく》し、解答《かいとう》してください。

・問題番号《もんだいばんごう》No.39からNo.48までの10問題《もんだい》のうちから8問題《もんだい》を選択《せんたく》し、解答《かいとう》してください。

・問題番号《もんだいばんごう》No.49からNo.52までの4問題《もんだい》は、施工管理法《せこうかんりほう》(基礎的《きそてき》な能《のう》力《りょく》)の問題《もんだい》で、必須問題《ひっすもんだい》です。全問題《ぜんもんだい》を解答《かいとう》してください。

◆第一次検定結果データ◆

受検者数	11,580人
合格者数	5,766人
合格率	49.8%

合格基準	24問以上

※第一次検定のみ受検者数または合格者数を含む。

別冊p.178～179に解答用紙がありますので，コピーしてお使いください。

令和3年度　後期

2級 管工事施工管理技術検定

第一次検定問題

※問題番号《もんだいばんごう》No.1からNo.48までの問題《もんだい》の正解《せいかい》は、1問《もん》について一《ひと》つです。
当該問題番号《とうがいもんだいばんごう》の解答記入欄《かいとうきにゅうらん》の正解《せいかい》と思《おも》う数字《すうじ》を一《ひと》つぬりつぶしてください。
1問《もん》について、二《ふた》つ以上《いじょう》ぬりつぶしたものは、正解《せいかい》となりません。

※問題番号《もんだいばんごう》No.1からNo.6までの6問題《もんだい》は必須問題《ひっすもんだい》です。全問題《ぜんもんだい》を解《かい》答《とう》してください。

No. 1　湿《しめ》り空気《くうき》に関《かん》する記述《きじゅつ》のうち、**適当《てきとう》でないもの**はどれか。

1　湿《しめ》り空気《くうき》を加熱《かねつ》すると、その絶対湿度《ぜったいしつど》は低下《ていか》する。
2　不飽和湿《ふほうわしめ》り空気《くうき》の湿球温度《しっきゅうおんど》は、その乾球温度《かんきゅうおんど》より低《ひく》くなる。
3　露点温度《ろてんおんど》とは、その空気《くうき》と同《おな》じ絶対湿度《ぜったいしつど》をもつ飽和湿《ほうわしめ》り空気《くうき》の温度《おんど》をいう。
4　相対湿度《そうたいしつど》とは、ある湿《しめ》り空気《くうき》の水蒸気分圧《すいじょうきぶんあつ》と、その温度《おんど》と同《おな》じ温度《おんど》の飽和湿《ほうわしめ》り空気《くうき》の水蒸気分圧《すいじょうきぶんあつ》との比《ひ》をいう。

No. 2　水《みず》に関《かん》する記述《きじゅつ》のうち、**適当《てきとう》でないもの**はどれか。

1　大気圧《たいきあつ》において、1kgの水《みず》の温度《おんど》を1℃上昇《じょうしょう》させるために必要《ひつよう》な熱量《ねつりょう》は、約《やく》4.2kJである。
2　0℃の水《みず》が氷《こおり》になると、その容積《ようせき》は約《やく》10%増加《ぞうか》する。
3　硬水《こうすい》は、カルシウム塩《えん》、マグネシウム塩《えん》を多《おお》く含《ふく》む水《みず》である。

4　大気圧《たいきあつ》において、空気《くうき》の水《みず》に対《たい》する溶解度《ようかいど》は、温度《おんど》の上昇《じょうしょう》とともに増加《ぞうか》する。

No. 3　流体《りゅうたい》に関《かん》する記述《きじゅつ》のうち、**適当《てきとう》でないもの**はどれか。

1　液体《えきたい》は、気体《きたい》に比《くら》べて圧縮《あっしゅく》しにくい。
2　大気圧《たいきあつ》において、水《みず》の粘性係数《ねんせいけいすう》は空気《くうき》の粘性係数《ねんせいけいすう》より小《ちい》さい。
3　管路《かんろ》を流《なが》れる水《みず》は、レイノルズ数《すう》が大《おお》きくなると層流《そうりゅう》から乱流《らんりゅう》に変化《へんか》する。
4　流水管路《りゅうすいかんろ》において、弁《べん》の急閉《きゅうへい》はウォーターハンマーが発生《はっせい》する要因《よういん》となる。

No. 4　熱《ねつ》に関《かん》する記述《きじゅつ》のうち、**適当《てきとう》でないもの**はどれか。

1　体積《たいせき》を一定《いってい》に保《たも》ったまま気体《きたい》を冷却《れいきゃく》すると、圧力《あつりょく》は低《ひく》くなる。
2　気体《きたい》では、定容比熱《ていようひねつ》より定圧比熱《ていあつひねつ》のほうが大《おお》きい。
3　潜熱《せんねつ》とは、物体《ぶったい》の相変化《そうへんか》を伴《ともな》わず、温度変化《おんどへんか》のみに費《つい》やされる熱《ねつ》をいう。
4　熱《ねつ》は、低温《ていおん》の物体《ぶったい》から高温《こうおん》の物体《ぶったい》へ自然《しぜん》に移《うつ》ることはない。

No. 5　電気設備《でんきせつび》に関《かん》する用語《ようご》の組合《くみあわ》せのうち、**関係《かんけい》のないもの**はどれか。

1　漏電遮断器《ろうでんしゃだんき》 ―――― 地絡保護《ちらくほご》
2　配線用遮断器《はいせんようしゃだんき》 ―――― 短絡保護《たんらくほご》
3　接地工事《せっちこうじ》 ―――― 感電防止《かんでんぼうし》
4　サーマルリレー ―――― 力率改善《りきりつかいぜん》

解説▶別冊 p.97 ▶▶▶

No. 6

鉄筋《てっきん》コンクリートの特性《とくせい》に関《かん》する記述《きじゅつ》のうち、**適当《てきとう》でないもの**はどれか。

1　コンクリートと鉄筋《てっきん》の線膨張係数《せんぼうちょうけいすう》は、ほぼ等《ひと》しい。

2　異形棒鋼《いけいぼうこう》は、丸鋼《まるこう》と比《くら》べてコンクリートとの付着力《ふちゃくりょく》が大《おお》きい。

3　コンクリートはアルカリ性《せい》のため、コンクリート中《ちゅう》の鉄筋《てっきん》はさびにくい。

4　鉄筋《てっきん》コンクリート造《ぞう》は、剛性《ごうせい》が低《ひく》く振動《しんどう》による影響《えいきょう》を受《う》けやすい。

※問題番号《もんだいばんごう》No.7からNo.23までの17問題《もんだい》のうちから9問題《もんだい》を選択《せんたく》し、解答《かいとう》してください。

No. 7

変風量単一《へんふうりょうたんいつ》ダクト方式《ほうしき》に関《かん》する記述《きじゅつ》のうち、**適当《てきとう》でないもの**はどれか。

1　負荷変動《ふかへんどう》が異《こと》なる室《しつ》が複数《ふくすう》ある場合《ばあい》には、代表室《だいひょうしつ》に設置《せっち》したサーモスタットにより給気温度《きゅうきおんど》の制御《せいぎょ》を行《おこな》う。

2　送風量《そうふうりょう》の制御《せいぎょ》は、一般的《いっぱんてき》に、インバーターにより空気調和機《くうきちょうわき》の送風《そうふう》機《き》を回転数制御《かいてんすうせいぎょ》する。

3　定風量単一《ていふうりょうたんいつ》ダクト方式《ほうしき》に比《くら》べ、間仕切《まじき》り変更《へんこう》や負荷《ふか》の変動《へんどう》にも容易《ようい》に対応《たいおう》しやすい。

4　使用《しよう》しない室《しつ》や使用《しよう》しない時間帯《じかんたい》に対応《たいおう》するために、VAVユニットは全閉機能《ぜんへいきのう》付《つ》きのものを使用《しよう》する。

No. 8 下《か》図《ず》に示《しめ》す冷房時《れいぼうじ》の湿《しめ》り空気線図《くうきせんず》のｄ点《てん》に対応《たいおう》する空気調和《くうきちょうわ》システム図中《ずちゅう》の位置《いち》として、**適当《てきとう》なもの**はどれか。

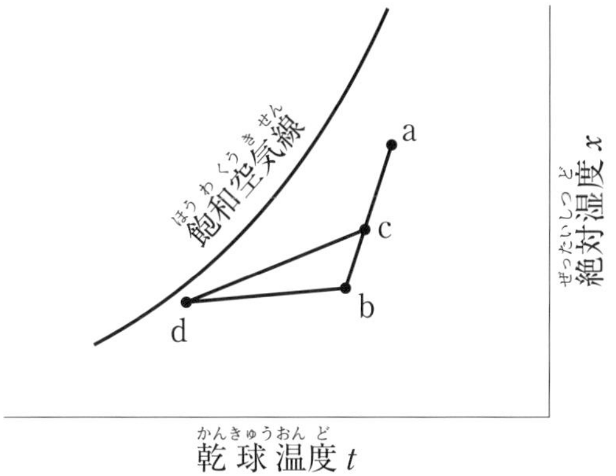

冷房時《れいぼうじ》の湿《しめ》り空気線図《くうきせんず》

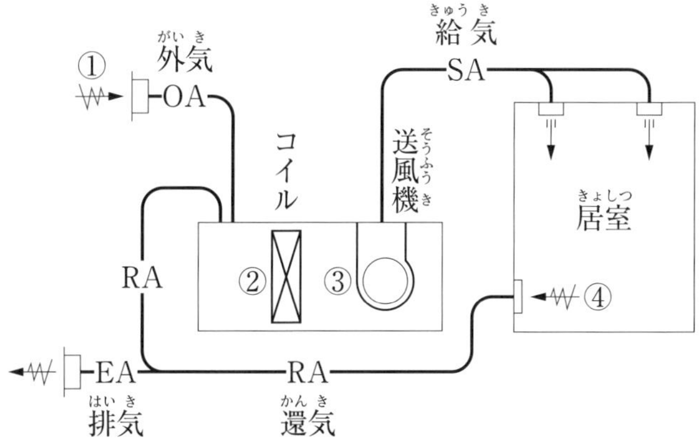

空気調和《くうきちょうわ》システム図《ず》

1 ①

2 ②

3 ③

4 ④

解説▶別冊 p.99 ▶▶▶

No.9

熱負荷《ねつふか》に関《かん》する記述《きじゅつ》のうち、**適当《てきとう》でないもの**はどれか。

1　構造体《こうぞうたい》の空気層《くうきそう》は、熱通過率《ねつつうかりつ》には影響《えいきょう》を与《あた》えない。

2　非空調室《ひくうちょうしつ》と接《せっ》する内壁《ないへき》の単位面積当《たんいめんせきあ》たりの熱負荷《ねつふか》は、空調対象室《くうちょうたいしょうしつ》と非空調室《ひくうちょうしつ》の温度差《おんどさ》と熱通過率《ねつつうかりつ》より求《もと》める。

3　冷房負荷計算《れいぼうふかけいさん》では、人体《じんたい》や事務機器《じむきき》からの負荷《ふか》を室内負荷《しつないふか》として考《こう》慮《りょ》する。

4　暖房負荷計算《だんぼうふかけいさん》では、一般的《いっぱんてき》に、外壁《がいへき》、屋根《やね》、ピロティの熱負荷《ねつふか》には方位係数《ほういけいすう》を乗《じょう》じる。

No.10

空気清浄装置《くうきせいじょうそうち》に関《かん》する記述《きじゅつ》のうち、**適当《てきとう》でないもの**はどれか。

1　ろ過式《かしき》には、粗《そ》じん用《よう》、中性能《ちゅうせいのう》、HEPA等《とう》がある。

2　ろ過式《かしき》の構造《こうぞう》には、自動更新型《じどうこうしんがた》、ユニット交換型等《こうかんがたとう》がある。

3　ろ過式《かしき》のろ材《ざい》には、粉《ふん》じん保持容量《ほじようりょう》が大《おお》きく、空気抵抗《くうきていこう》が大《おお》きいことが求《もと》められる。

4　静電式《せいでんしき》は、高電圧《こうでんあつ》を使《つか》って粉《ふん》じんを帯電《たいでん》させて除去《じょきょ》する。

No.11

温水暖房《おんすいだんぼう》における膨張《ぼうちょう》タンクに関《かん》する記述《きじゅつ》のうち、**適当《てきとう》でないもの**はどれか。

1　開放式膨張《かいほうしきぼうちょう》タンクの容量《ようりょう》は、装置全水量《そうちぜんすいりょう》の膨張量《ぼうちょうりょう》から求《もと》める。

2　開放式膨張《かいほうしきぼうちょう》タンクにボイラーの逃《に》がし管《かん》を接続《せつぞく》する場合《ばあい》は、メンテナンス用《よう》バルブを設《もう》ける。

3　密閉式膨張《みっぺいしきぼうちょう》タンクは、一般的《いっぱんてき》に、ダイヤフラム式《しき》やブラダー式《しき》が用《もち》いられる。

4　密閉式膨張《みっぺいしきぼうちょう》タンク内《ない》の最低圧力《さいていあつりょく》は、装置内《そうちない》が大気圧以下《たいきあついか》とならないように設定《せってい》する。

No.12 パッケージ形空気調和機《がたくうきちょうわき》に関《かん》する記述《きじゅつ》のうち、**適当《てきとう》でないもの**はどれか。

1　ガスエンジンヒートポンプ方式《ほうしき》は、一般的《いっぱんてき》に、デフロスト運転《うんてん》は不要《ふよう》である。

2　インバーター制御《せいぎょ》のものは、高調波対策《こうちょうはたいさく》を考慮《こうりょ》する必要《ひつよう》がある。

3　冷暖房能力《れいだんぼうのうりょく》は、外気温度《がいきおんど》、冷媒管長《れいばいかんちょう》、屋外機《おくがいき》と屋内機《おくないき》の設置高低差等《せっちこうていさとう》により変化《へんか》しない。

4　省《しょう》エネルギー性能《せいのう》の評価指標《ひょうかしひょう》には、APF（通年《つうねん》エネルギー消費効率《しょうひこうりつ》）がある。

No.13 換気設備《かんきせつび》に関《かん》する記述《きじゅつ》のうち、**適当《てきとう》でないもの**はどれか。

1　換気回数《かんきかいすう》とは、換気量《かんきりょう》を室容積《しつようせき》で除《じょ》したものである。

2　必要換気量《ひつようかんきりょう》とは、室内《しつない》の汚染質濃度《おせんしつのうど》を許容値以下《きょようちいか》に保《たも》つために循環《じゅんかん》する空気量《くうきりょう》をいう。

3　自然換気《しぜんかんき》には、風力《ふうりょく》によるものと温度差《おんどさ》によるものがある。

4　シックハウスを防《ふせ》ぐには、室内中《しつないちゅう》のTVOC（総揮発性有機化合物《そうきはつせいゆうきかごうぶつ》の濃度《のうど》）を低《ひく》く保《たも》つ必要《ひつよう》がある。

解説▶別冊 p.100 ▶▶▶

No.14 機械換気《きかいかんき》を行《おこな》う室《しつ》のうち、第三種換気方式《だいさんしゅかんきほうしき》を用《もち》いることが**適当《てきとう》でないもの**はどれか。

1　シャワー室《しつ》

2　書庫《しょこ》・倉庫《そうこ》

3　エレベーター機械室《きかいしつ》

4　ボイラー室《しつ》

No.15 上水道《じょうすいどう》の取水施設《しゅすいしせつ》から配水施設《はいすいしせつ》に至《いた》るまでのフローのうち、**適《てき》当《とう》なもの**はどれか。

1　取水施設《しゅすいしせつ》→導水施設《どうすいしせつ》→浄水施設《じょうすいしせつ》→送水施設《そうすいしせつ》→配水施設《はいすいしせつ》

2　取水施設《しゅすいしせつ》→導水施設《どうすいしせつ》→送水施設《そうすいしせつ》→浄水施設《じょうすいしせつ》→配水施設《はいすいしせつ》

3　取水施設《しゅすいしせつ》→送水施設《そうすいしせつ》→導水施設《どうすいしせつ》→浄水施設《じょうすいしせつ》→配水施設《はいすいしせつ》

4　取水施設《しゅすいしせつ》→浄水施設《じょうすいしせつ》→送水施設《そうすいしせつ》→導水施設《どうすいしせつ》→配水施設《はいすいしせつ》

No.16 下水道《げすいどう》に関《かん》する記述《きじゅつ》のうち、**適当《てきとう》でないもの**はどれか。

1　公共下水道《こうきょうげすいどう》と敷地内排水系統《しきちないはいすいけいとう》の排水方式《はいすいほうしき》において、分流式《ぶんりゅうしき》と合流式《ごうりゅうしき》の定義《ていぎ》は同《おな》じである。

2　管《かん》きょの接合方法《せつごうほうほう》には、水面接合《すいめんせつごう》、管頂接合《かんちょうせつごう》、管中心接合及《かんちゅうしんせつごうおよ》び管底《かんてい》接合《せつごう》がある。

3　公共下水道《こうきょうげすいどう》の設置《せっち》、改築《かいちく》、修繕《しゅうぜん》、維持《いじ》その他《た》の管理《かんり》は、市町村《しちょうそん》が行《おこな》う。

4　取付管《とりつけかん》は、本管《ほんかん》の中心線《ちゅうしんせん》から上方《じょうほう》に取《と》り付《つ》ける。

No.17 給水設備《きゅうすいせつび》に関《かん》する記述《きじゅつ》のうち、**適当《てきとう》でないもの**はどれか。

1　水道直結直圧方式《すいどうちょっけつちょくあつほうしき》を採用《さいよう》する場合《ばあい》は、夏季等《かきとう》の水圧《すいあつ》が低《ひく》くなる時期《じき》の本管水圧《ほんかんすいあつ》で決定《けってい》する。

2　飲料用給水《いんりょうようきゅうすい》タンクは、保守点検及《ほしゅてんけんおよ》び清掃《せいそう》を考慮《こうりょ》し、容量《ようりょう》に応《おう》じて2槽分割等《そうぶんかつとう》にする。

3　飲料用給水《いんりょうようきゅうすい》タンクの上部《じょうぶ》には、原則《げんそく》として、飲料水以外《いんりょうすいいがい》の配管《はいかん》を設《もう》けてはならない。

4　飲料用給水《いんりょうようきゅうすい》タンクのオーバーフロー管《かん》には、トラップを設《もう》け、虫《むし》の侵入《しんにゅう》を防止《ぼうし》する。

No.18 給湯設備《きゅうとうせつび》に関《かん》する記述《きじゅつ》のうち、**適当《てきとう》でないもの**はどれか。

1　潜熱回収型給湯器《せんねつかいしゅうがたきゅうとうき》は、燃焼排《ねんしょうはい》ガス中《ちゅう》の水蒸気《すいじょうき》の凝縮潜熱《ぎょうしゅくせんねつ》を回収《かいしゅう》することで、熱効率《ねつこうりつ》を向上《こうじょう》させている。

2　先止《さきど》め式《しき》ガス瞬間湯沸器《しゅんかんゆわかしき》の能力《のうりょく》は、それに接続《せつぞく》する器具《きぐ》の必要給湯《ひつようきゅうとう》量《りょう》を基準《きじゅん》として算定《さんてい》する。

3　Q機能付《きのうつ》き給湯器《きゅうとうき》は、出湯温度《しゅっとうおんど》を短《みじか》い時間《じかん》で設定温度《せっていおんど》にする構造《こうぞう》のものである。

4　シャワーに用《もち》いるガス瞬間湯沸器《しゅんかんゆわかしき》は、湯沸器《ゆわかしき》の湯栓《ゆせん》で出湯《しゅっとう》を操作《そうさ》する元止《もとど》め式《しき》とする。

No.19 衛生器具《えいせいきぐ》の「名称《めいしょう》」と当該器具《とうがいきぐ》の「トラップの最小口径《さいしょうこうけい》」の組《くみ》合《あわ》せのうち、**適当《てきとう》でないもの**はどれか。

（名称《めいしょう》）　　　　（トラップの最小口径《さいしょうこうけい》）

1　掃除流《そうじなが》し ―――――― 50mm

2　壁掛《かべか》け小型小便器《こがたしょうべんき》 ―――――― 40mm

3　汚物流《おぶつなが》し ―――――― 75mm

4　大便器《だいべんき》 ―――――― 75mm

No.20 排水《はいすい》・通気設備《つうきせつび》に関《かん》する記述《きじゅつ》のうち、**適当《てきとう》でないもの**はどれか。

1　通気管《つうきかん》は、管内《かんない》の水滴《すいてき》が自然流下《しぜんりゅうか》によって排水管《はいすいかん》に流《なが》れるように勾《こう》配《ばい》をとる。

2　通気管《つうきかん》を設《もう》ける主《おも》な目的《もくてき》は、トラップが破封《はふう》しないようにすることである。

3　排水槽《はいすいそう》に設《もう》ける通気管《つうきかん》の最小管径《さいしょうかんけい》は、50mmとする。

4　ループ通気方式《つうきほうしき》は、自己《じこ》サイホン作用《さよう》の防止《ぼうし》に有効《ゆうこう》である。

解説▶別冊 p.102 ▶▶▶

No.21 屋内消火栓《おくないしょうかせん》ポンプ回《まわ》りの配管《はいかん》に関《かん》する記述《きじゅつ》のうち、**適当《てきとう》でないもの**はどれか。

1　吸水管《きゅうすいかん》には､ろ過装置《かそうち》（フート弁《べん》に附属《ふぞく》するものを含《ふく》む。）を設《もう》ける。
2　水源《すいげん》の水位《すいい》がポンプより高《たか》い位置《いち》にある場合《ばあい》、吸水管《きゅうすいかん》には逆止《ぎゃくど》め弁《べん》を設《もう》ける。
3　吸水管《きゅうすいかん》は、ポンプごとに専用《せんよう》とする。
4　締切運転時《しめきりうんてんじ》における水温上昇防止《すいおんじょうしょうぼうし》のため、逃《にが》し配管《はいかん》を設《もう》ける。

No.22 ガス設備《せつび》に関《かん》する記述《きじゅつ》のうち、**適当《てきとう》でないもの**はどれか。

1　都市《とし》ガスの引込《ひきこ》みで、本支管分岐個所《ほんしかんぶんきかしょ》から敷地境界線《しきちきょうかいせん》までの導管《どうかん》を供給管《きょうきゅうかん》という。
2　液化天然《えきかてんねん》ガス（LNG）には、一酸化炭素《いっさんかたんそ》が含《ふく》まれている。
3　液化石油《えきかせきゆ》ガス（LPG）の一般家庭向《いっぱんかていむ》け供給方式《きょうきゅうほうしき》には、戸別供給方式《こべつきょうきゅうほうしき》と集団供給方式《しゅうだんきょうきゅうほうしき》がある。
4　液化石油《えきかせきゆ》ガス（LPG）の充填容器《じゅうてんようき》の設置《せっち》においては、容器《ようき》が常《つね》に40℃以下《いか》に保《たも》たれる措置《そち》を講《こう》じる。

No.23

浄化槽《じょうかそう》の構造方法《こうぞうほうほう》を定《さだ》める告示《こくじ》に示《しめ》された分離接触《ぶんりせっしょく》ばっ気方式《きほうしき》(処理対象人員《しょりたいしょうじんいん》30人以下《にんいか》)の処理《しょり》フローとして、**適当《てきとう》なもの**はどれか。

1　流入《りゅうにゅう》→嫌気《けんき》ろ床槽《しょうそう》→接触《せっしょく》ばっ気槽《きそう》→沈殿槽《ちんでんそう》→消毒槽《しょうどくそう》→放流《ほうりゅう》
　　はく離汚泥《りおでい》　沈殿汚泥《ちんでんおでい》

2　流入《りゅうにゅう》→沈殿分離槽《ちんでんぶんりそう》→接触《せっしょく》ばっ気槽《きそう》→嫌気《けんき》ろ床槽《しょうそう》→消毒槽《しょうどくそう》→放流《ほうりゅう》
　　はく離汚泥《りおでい》　沈殿汚泥《ちんでんおでい》

3　流入《りゅうにゅう》→沈殿分離槽《ちんでんぶんりそう》→接触《せっしょく》ばっ気槽《きそう》→沈殿槽《ちんでんそう》→消毒槽《しょうどくそう》→放流《ほうりゅう》
　　はく離汚泥《りおでい》　沈殿汚泥《ちんでんおでい》

4　流入《りゅうにゅう》→沈殿槽《ちんでんそう》→接触《せっしょく》ばっ気槽《きそう》→沈殿分離槽《ちんでんぶんりそう》→消毒槽《しょうどくそう》→放流《ほうりゅう》
　　はく離汚泥《りおでい》　沈殿汚泥《ちんでんおでい》

※問題番号《もんだいばんごう》No.24からNo.28までの５問題《もんだい》は必須問題《ひっすもんだい》です。全問題《ぜんもんだい》を解答《かいとう》してください。

No.24

空気調和機《くうきちょうわき》に関《かん》する記述《きじゅつ》のうち、**適当《てきとう》でないもの**はどれか。

1　ユニット形空気調和機《がたくうきちょうわき》は、冷却《れいきゃく》、加熱《かねつ》の熱源装置《ねつげんそうち》を持《も》たず、ほかから供給《きょうきゅう》される冷温水等《れいおんすいとう》を用《もち》いて空気《くうき》を処理《しょり》し送風《そうふう》する機器《きき》である。

2　ファンコイルユニットは、冷温水《れいおんすい》を使用《しよう》して室内空気《しつないくうき》を冷却除湿又《れいきゃくじょしつまた》は加熱《かねつ》する機器《きき》である。

3　パッケージ形空気調和機《がたくうきちょうわき》は、空気熱源《くうきねつげん》のものと水熱源《みずねつげん》のものがある。

4　気化式加湿器《きかしきかしつき》は、通過《つうか》する空気《くうき》に水《みず》を噴霧気化《ふんむきか》させることで加湿《かしつ》を行《おこな》う。

解説▶別冊 p.105 ▶▶▶

No.25 送風機《そうふうき》及《およ》びポンプに関《かん》する記述《きじゅつ》のうち、**適当《てきとう》でないもの**はどれか。

1　斜流送風機《しゃりゅうそうふうき》は、ケーシングが軸流式《じくりゅうしき》の形状《けいじょう》のものと、遠心式《えんしんしき》の形状《けいじょう》のものがある。

2　遠心送風機《えんしんそうふうき》のうち、多翼送風機《たよくそうふうき》は、羽根車《はねぐるま》の出口《でぐち》の羽根形状《はねけいじょう》が回転《かいてん》方向《ほうこう》に対《たい》して前《まえ》に湾曲《わんきょく》している。

3　水中《すいちゅう》モーターポンプは、耐水構造《たいすいこうぞう》の電動機《でんどうき》を水中《すいちゅう》に潜没《せんぼつ》させて使用《しよう》できるポンプである。

4　給水《きゅうすい》ポンプユニットの末端圧力一定方式《まったんあつりょくいっていほうしき》は、ポンプ吐出側《としゅつがわ》の圧力《あつりょく》を検知《けんち》し水量《すいりょう》の増減《ぞうげん》に関係《かんけい》なく圧力《あつりょく》が一定《いってい》になるように制御《せいぎょ》する方式《ほうしき》である。

No.26 配管材料及《はいかんざいりょうおよ》び配管附属品《はいかんふぞくひん》に関《かん》する記述《きじゅつ》のうち、**適当《てきとう》でないもの**はどれか。

1　ボールタップは、比較的《ひかくてき》小《ち》さなタンクの水位《すいい》を一定《いってい》に保《たも》つために用《もち》いる。

2　架橋《かきょう》ポリエチレン管《かん》は、構造《こうぞう》により単層管《たんそうかん》と二層管《にそうかん》に分類《ぶんるい》される。

3　スイング逆止《ぎゃくど》め弁《べん》を垂直配管《すいちょくはいかん》に取《と》り付《つ》ける場合《ばあい》は、下向《したむ》きの流《なが》れとする。

4　配管用炭素鋼鋼管《はいかんようたんそこうこうかん》には黒管《くろかん》と白管《しろかん》があり、白管《しろかん》は、黒管《くろかん》に溶融亜鉛《ようゆうあえん》めっきを施《ほどこ》したものである。

No.27 ダクト及《およ》びダクト附属品《ふぞくひん》に関《かん》する記述《きじゅつ》のうち、**適当《てきとう》でないもの**はどれか。

1　ステンレス鋼板製《こうはんせい》ダクトは、厨房等《ちゅうぼうとう》の湿度《しつど》の高《たか》い室《しつ》の排気《はいき》ダクトには使用《しよう》しない。

2　硬質塩化《こうしつえんか》ビニル板製《ばんせい》ダクトは、腐食性《ふしょくせい》ガス等《とう》を含《ふく》む排気《はいき》ダクトに用《もち》いられる。

3　グラスウール製《せい》ダクトは、吹出口及《ふきだしぐちおよ》び吸込口《すいこみぐち》のボックス等《とう》に用《もち》いられる。

4　フランジ用《よう》ガスケットの材質《ざいしつ》は、繊維系《せんいけい》、ゴム系《けい》、樹脂系《じゅしけい》がある。

No.28 設計図書間《せっけいとしょかん》に相違《そうい》がある場合《ばあい》において、一般的《いっぱんてき》な適用《てきよう》の優先順《ゆうせんじゅん》位《い》として、**適当《てきとう》でないもの**はどれか。

1　図面《ずめん》より質問回答書《しつもんかいとうしょ》を優先《ゆうせん》する。
2　標準仕様書《ひょうじゅんしようしょ》より図面《ずめん》を優先《ゆうせん》する。
3　現場説明書《げんばせつめいしょ》より標準仕様書《ひょうじゅんしようしょ》を優先《ゆうせん》する。
4　現場説明書《げんばせつめいしょ》より質問回答書《しつもんかいとうしょ》を優先《ゆうせん》する。

※問題番号《もんだいばんごう》No.29からNo.38までの10問題《もんだい》のうちから８問題《もんだい》を選択《せんたく》し、解答《かいとう》してください。

No.29 公共工事《こうきょうこうじ》において、工事完成時《こうじかんせいじ》に監督員《かんとくいん》への提出《ていしゅつ》が必要《ひつよう》な図書《としょ》等《とう》に**該当《がいとう》しないもの**はどれか。

1　工事安全衛生日誌等《こうじあんぜんえいせいにっしとう》の安全関係書類《あんぜんかんけいしょるい》の控《ひか》え
2　官公署《かんこうしょ》に提出《ていしゅつ》した届出書類《とどけでしょるい》の控《ひか》え
3　空気調和機等《くうきちょうわきとう》の機器《きき》の取扱説明書《とりあつかいせつめいしょ》
4　風量《ふうりょう》、温湿度等《おんしつどとう》を測定《そくてい》した試運転調整《しうんてんちょうせい》の記録《きろく》

解説▶別冊 p.107 ▶▶▶

No.30 下図《かず》に示《しめ》すネットワーク工程表《こうていひょう》について、クリティカルパスの「本数《ほんすう》」と「所要日数《しょようにっすう》」の組合《くみあわ》せとして、**適当《てきとう》なもの**はどれか。ただし、図中《ずちゅう》のイベント間《かん》のA～Hは作業内容《さぎょうないよう》、日数《にっすう》は作業日《さぎょうにっ》数《すう》を表《あらわ》す。

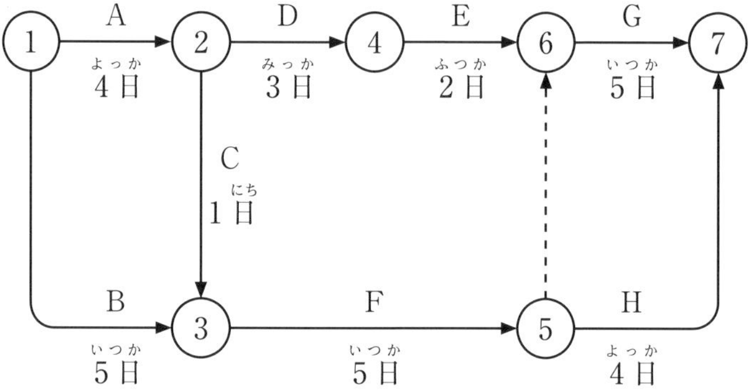

　　(本数《ほんすう》)　(所要日数《しょようにっすう》)

1　1本《ぽん》――14日《か》

2　1本《ぽん》――15日《にち》

3　2本《ほん》――14日《か》

4　2本《ほん》――15日《にち》

No.31 施工《せこう》の品質《ひんしつ》を確認《かくにん》するための試験又《しけんまた》は検査《けんさ》に関《かん》する記述《きじゅつ》のうち、**適当《てきとう》でないもの**はどれか。

1　高置《こうち》タンク以降《いこう》の給水配管《きゅうすいはいかん》の水圧試験《すいあつしけん》において、静水頭《せいすいとう》に相当《そうとう》する圧力《あつりょく》の2倍《ばい》の圧力《あつりょく》が0.75MPa未満《みまん》の場合《ばあい》、0.75MPaの圧力《あつりょく》で試験《しけん》を行《おこな》う。

2　準耐火構造《じゅんたいかこうぞう》の防火区画《ぼうかくかく》を水道用硬質塩化《すいどうようこうしつえんか》ビニルライニング鋼管《こうかん》の給水管《きゅうすいかん》が貫通《かんつう》する箇所《かしょ》において、貫通部《かんつうぶ》の隙間《すきま》が難燃材料《なんねんざいりょう》で埋《う》め戻《もど》されていることを確認《かくにん》する。

3　洗面器《せんめんき》の取付《とりつ》けにおいて、がたつきがないこと、及《およ》び、附属《ふぞく》の給排《きゅうはい》水金具等《すいかなぐとう》から漏水《ろうすい》がないことを確認《かくにん》する。

4　排水用水中《はいすいようすいちゅう》モーターポンプの試験《しけん》において、レベルスイッチからの信号《しんごう》による発停《はってい》を確認《かくにん》する。

No.32

建設工事《けんせつこうじ》における安全管理《あんぜんかんり》に関《かん》する記述《きじゅつ》のうち、**適当《てきとう》でないもの**はどれか。

1　わく組足場《ぐみあしば》における高《たか》さ2m以上《いじょう》の作業場所《さぎょうばしょ》に設《もう》ける作業床《さぎょうゆか》の幅《はば》は、30cm以上《いじょう》とする。

2　わく組足場《ぐみあしば》における高《たか》さ2m以上《いじょう》の作業場所《さぎょうばしょ》に設《もう》ける作業床《さぎょうゆか》の床材《ゆかざい》間《かん》の隙間《すきま》は、3cm以下《いか》とする。

3　脚立《きゃたつ》の脚《あし》と水平面《すいへいめん》との角度《かくど》は、75度以下《どいか》とする。

4　折《お》りたたみ式《しき》の脚立《きゃたつ》は、脚《あし》と水平面《すいへいめん》との角度《かくど》を確実《かくじつ》に保《たも》つための金具《かなぐ》等《とう》を備《そな》えたものとする。

No.33

機器《きき》の据付《すえつ》けに関《かん》する記述《きじゅつ》のうち、**適当《てきとう》でないもの**はどれか。

1　排水用水中《はいすいようすいちゅう》モーターポンプは、ピットの壁《かべ》から200mm程度《ていど》離《はな》して設置《せっち》する。

2　吸収冷温水機《きゅうしゅうれいおんすいき》は、工場出荷時《こうじょうしゅっかじ》の気密《きみつ》が確保《かくほ》されていることを確認《かくにん》する。

3　大型《おおがた》のボイラーの基礎《きそ》は、床《ゆか》スラブ上《じょう》に打設《だせつ》した無筋《むきん》コンクリート基礎《きそ》とする。

4　防振装置付《ぼうしんそうちつ》きの機器《きき》や地震力《じしんりょく》が大《おお》きくなる重量機器《じゅうりょうきき》は、可能《かのう》な限《かぎ》り低層階《ていそうかい》に設置《せっち》する。

解説▶別冊 p.109 ▶▶▶

No.34 配管《はいかん》の施工《せこう》に関《かん》する記述《きじゅつ》のうち、**適当《てきとう》でないもの**はどれか。

1 汚水槽《おすいそう》の通気管《つうきかん》は、その他《た》の排水系統《はいすいけいとう》の通気立《つうきた》て管《かん》を介《かい》して大気《たいき》に開放《かいほう》する。

2 給水管《きゅうすいかん》の分岐《ぶんき》は、チーズによる枝分《えだわ》かれ分岐《ぶんき》とし、クロス形《がた》の継手《つぎて》は使用《しよう》しない。

3 飲料用《いんりょうよう》の受水《じゅすい》タンクのオーバーフロー管《かん》は、排水口空間《はいすいこうくうかん》を設《もう》け、間接排水《かんせつはいすい》とする。

4 給水横走《きゅうすいよこばし》り管《かん》から上方《じょうほう》へ給水《きゅうすい》する場合《ばあい》は、配管《はいかん》の上部《じょうぶ》から枝管《えだかん》を取《と》り出《だ》す。

No.35 ダクト及《およ》びダクト附属品《ふぞくひん》の施工《せこう》に関《かん》する記述《きじゅつ》のうち、**適当《てきとう》でないもの**はどれか。

1 送風機《そうふうき》とダクトを接続《せつぞく》するたわみ継手《つぎて》の両端《りょうたん》のフランジ間隔《かんかく》は、150mm以上《いじょう》とする。

2 共板《ともいた》フランジ工法《こうほう》ダクトとアングルフランジ工法《こうほう》ダクトでは、横走《よこばし》りダクトの許容最大吊《きょようさいだいつ》り間隔《かんかく》は同《おな》じである。

3 風量調整《ふうりょうちょうせい》ダンパーは、原則《げんそく》として、気流《きりゅう》の整流《せいりゅう》されたところに取《と》り付《つ》ける。

4 長方形《ちょうほうけい》ダクトのかどの継目《つぎめ》（はぜ）は、ダクトの強度《きょうど》を保《たも》つため、原則《げんそく》として、2箇所以上《かしょいじょう》とする。

No.36 塗装《とそう》に関《かん》する記述《きじゅつ》のうち、**適当《てきとう》でないもの**はどれか。

1 塗装場所《とそうばしょ》の気温《きおん》が5℃以下《いか》の場合《ばあい》、原則《げんそく》として、塗装《とそう》は行《おこな》わない。

2 塗装《とそう》の工程間隔時間《こうていかんかくじかん》は、材料《ざいりょう》の種類《しゅるい》、気象条件等《きしょうじょうけんとう》に応《おう》じて定《さだ》める。

3 塗料《とりょう》の調合《ちょうごう》は、原則《げんそく》として、工事現場《こうじげんば》で行《おこな》う。

4 下塗《したぬ》り塗料《とりょう》としては、一般的《いっぱんてき》に、さび止《ど》めペイントが使用《しよう》される。

No.37 試運転調整《しうんてんちょうせい》に関《かん》する記述《きじゅつ》のうち、**適当《てきとう》でないもの**はどれか。

1　高置《こうち》タンク方式《ほうしき》の給水設備《きゅうすいせつび》における残留塩素《ざんりゅうえんそ》の測定《そくてい》は、高置《こうち》タンクに最《もっと》も近《ちか》い水栓《すいせん》で行《おこな》う。

2　屋外騒音《おくがいそうおん》の測定《そくてい》は、冷却塔等《れいきゃくとうとう》の騒音《そうおん》の発生源《はっせいげん》となる機器《きき》を運転《うんてん》して、敷地境界線上《しきちきょうかいせんじょう》で行《おこな》う。

3　マルチパッケージ形空気調和機《がたくうきちょうわき》の試運転《しうんてん》では、運転前《うんてんまえ》に、屋外機《おくがいき》と屋内機《おくないき》の間《あいだ》の電気配線及《でんきはいせんおよ》び冷媒配管《れいばいはいかん》の接続《せつぞく》について確認《かくにん》する。

4　多翼形送風機《たよくがたそうふうき》の試運転《しうんてん》では、軸受《じくう》け温度《おんど》を測定《そくてい》し、周囲《しゅうい》の空気《くうき》との温度差《おんどさ》を確認《かくにん》する。

No.38 空気調和設備《くうきちょうわせつび》の試運転調整《しうんてんちょうせい》における「測定対象《そくていたいしょう》」と「測定機《そくていき》器《き》」の組合《くみあわ》せのうち、**適当《てきとう》でないもの**はどれか。

	（測定対象《そくていたいしょう》）		（測定機器《そくていきき》）
1	ダクト内風量《ないふうりょう》	――――	熱線風速計《ねっせんふうそくけい》
2	ダクト内圧力《ないあつりょく》	――――	直読式検知管《ちょくどくしきけんちかん》
3	室内温湿度《しつないおんしつど》	――――	アスマン通風乾湿計《つうふうかんしつけい》
4	室内気流《しつないきりゅう》	――――	カタ計《けい》

解説▶別冊 p.111 ▶▶▶

※問題番号《もんだいばんごう》No.39からNo.48までの10問題《もんだい》のうちから8問題《もんだい》を選択《せんたく》し、解答《かいとう》してください。

No.39

建設工事現場《けんせつこうじげんば》における作業《さぎょう》のうち、「労働安全衛生法《ろうどうあんぜんえいせいほう》」上《じょう》、作業主任者《さぎょうしゅにんしゃ》を選任《せんにん》すべき作業《さぎょう》に**該当《がいとう》しないもの**はどれか。

1　既設汚水《きせつおすい》ピット内《ない》での配管《はいかん》の作業《さぎょう》

2　型枠支保工《かたわくしほこう》の組立《くみた》ての作業《さぎょう》

3　つり上《あ》げ荷重《かじゅう》が1トン未満《みまん》の移動式《いどうしき》クレーンの玉掛《たまか》けの作業《さぎょう》

4　第一種圧力容器《だいいっしゅあつりょくようき》（小型圧力容器等《こがたあつりょくようきとう》を除《のぞ》く。）の取扱《とりあつか》いの作業《さぎょう》

No.40

労働者《ろうどうしゃ》に支払《しはら》う賃金《ちんぎん》に関《かん》する記述《きじゅつ》のうち、「労働基準法《ろうどうきじゅんほう》」上《じょう》、**誤《あやま》っているもの**はどれか。ただし、法令若《ほうれいも》しくは労働協約《ろうどうきょうやく》に別段《べつだん》の定《さだ》めがある場合等《ばあいとう》、及《およ》び、労働組合等《ろうどうくみあいとう》との書面《しょめん》による協定《きょうてい》がある場合《ばあい》を除《のぞ》く。

1　賃金《ちんぎん》とは、賃金《ちんぎん》、給料《きゅうりょう》、手当等《てあてとう》、労働《ろうどう》の対償《たいしょう》として使用者《しようしゃ》が労働者《ろうどうしゃ》に支払《しはら》うものをいい、賞与《しょうよ》はこれに含《ふく》まれない。

2　賃金《ちんぎん》は、通貨《つうか》で、直接労働者《ちょくせつろうどうしゃ》に、その全額《ぜんがく》を支払《しはら》わなければならない。

3　賃金《ちんぎん》は、原則《げんそく》として、毎月《まいつき》1回以上一定《かいいじょういってい》の期日《きじつ》を定《さだ》めて支払《しはら》わなければならない。

4　使用者《しようしゃ》は、労働者《ろうどうしゃ》が疾病《しっぺい》の費用《ひよう》に充《あ》てるために請求《せいきゅう》する場合《ばあい》においては、支払期日前《しはらいきじつまえ》であっても、既往《きおう》の労働《ろうどう》に対《たい》する賃金《ちんぎん》を支払《しはら》わなければならない。

No.41

建築物《けんちくぶつ》の用語《ようご》に関《かん》する記述《きじゅつ》のうち、「建築基準法《けんちくきじゅんほう》」上《じょう》、**誤《あやま》っているもの**はどれか。

1　病院《びょういん》は、特殊建築物《とくしゅけんちくぶつ》である。

2　基礎《きそ》ぐいは、主要構造部《しゅようこうぞうぶ》である。

3　集会《しゅうかい》のために継続的《けいぞくてき》に使用《しよう》する室《しつ》は、居室《きょしつ》である。

4　金属板《きんぞくばん》とガラスは、いずれも不燃材料《ふねんざいりょう》である。

No.42 建築設備《けんちくせつび》に関《かん》する記述《きじゅつ》のうち、「建築基準法《けんちくきじゅんほう》」上《じょう》、**誤《あやま》っているもの**はどれか。

1　飲料水《いんりょうすい》の配管設備《はいかんせつび》とその他《た》の配管設備《はいかんせつび》とは、直接連結《ちょくせつれんけつ》させてはならない。

2　合併処理浄化槽《がっぺいしょりじょうかそう》は、放流水《ほうりゅうすい》に含《ふく》まれる大腸菌群数《だいちょうきんぐんすう》が、3,000〔個《こ》/cm^3〕以下《いか》とする性能《せいのう》を有《ゆう》するものでなければならない。

3　調理室《ちょうりしつ》で、火《ひ》を使用《しよう》する器具《きぐ》の近《ちか》くに排気《はいき》フードを有《ゆう》する排気筒《はいきとう》を設《もう》ける場合《ばあい》、排気《はいき》フードは、不燃材料《ふねんざいりょう》で造《つく》らなければならない。

4　排水再利用配管設備《はいすいさいりようはいかんせつび》は、塩素消毒《えんそしょうどく》その他《た》これに類《るい》する措置《そち》を講《こう》ずれば、手洗器《てあらいき》に連結《れんけつ》させてもよい。

No.43 建設業者《けんせつぎょうしゃ》が請《う》け負《お》った管工事《かんこうじ》について、「建設業法《けんせつぎょうほう》」上《じょう》、当該《とうがい》工事《こうじ》の工事現場《こうじげんば》に置《お》かなければならない主任技術者《しゅにんぎじゅつしゃ》の要件《ようけん》に、**該当《がいとう》しないもの**はどれか。

1　検定種目《けんていしゅもく》を管工事施工管理《かんこうじせこうかんり》とする2級《きゅう》の技術検定《ぎじゅつけんてい》に合格《ごうかく》した者《もの》

2　二級建築士免許《にきゅうけんちくしめんきょ》の交付《こうふ》を受《う》けた者《もの》

3　建築設備士《けんちくせつびし》となった後《あと》、管工事《かんこうじ》に関《かん》し1年以上《ねんいじょう》の実務《じつむ》の経験《けいけん》を有《ゆう》する者《もの》

4　管工事《かんこうじ》に関《かん》し10年以上《ねんいじょう》の実務《じつむ》の経験《けいけん》を有《ゆう》する者《もの》

解説▶別冊 p.113 ▶▶▶

No.44 建設工事《けんせつこうじ》における請負契約《うけおいけいやく》に関《かん》する記述《きじゅつ》のうち、「建設業法《けんせつぎょうほう》」上《じょう》、**誤《あやま》っているもの**はどれか。

1　建設工事《けんせつこうじ》の注文者《ちゅうもんしゃ》は、工事《こうじ》1件《けん》の予定価格《よていかかく》が500万円《まんえん》に満《み》たない場《ば》合《あい》、当該契約《とうがいけいやく》の締結又《ていけつまた》は入札《にゅうさつ》までに、建設業者《けんせつぎょうしゃ》が当該建設工事《とうがいけんせつこうじ》の見積《みつも》りに必要《ひつよう》な期間《きかん》を1日以上設《にちいじょうもう》けなければならない。

2　建設工事《けんせつこうじ》の請負契約《うけおいけいやく》の当事者《とうじしゃ》は、契約《けいやく》の締結《ていけつ》に際《さい》して、工事内容《こうじないよう》、請負代金《うけおいだいきん》の額《がく》、工事着手《こうじちゃくしゅ》の時期及《じきおよ》び工事完成《こうじかんせい》の時期等《じきとう》を書面《しょめん》に記載《きさい》し、相互《そうご》に交付《こうふ》しなければならない。

3　元請負人《もとうけおいにん》は、下請負人《したうけおいにん》からその請《う》け負《お》った建設工事《けんせつこうじ》が完成《かんせい》した旨《むね》の通知《つうち》を受《う》けたときは、当該通知《とうがいつうち》を受《う》けた日《ひ》から10日以内《とおかいない》に、その完成《かんせい》を確認《かくにん》するための検査《けんさ》を完了《かんりょう》しなければならない。

4　元請負人《もとうけおいにん》は、請負代金《うけおいだいきん》の工事完成後《こうじかんせいご》の支払《しはらい》を受《う》けたときは、下請負《したうけおい》人《にん》に対《たい》して、当該下請負人《とうがいしたうけおいにん》が施工《せこう》した部分《ぶぶん》に相応《そうおう》する下請代金《したうけだいきん》を、当《とう》該《がい》支払《しはらい》を受《う》けた日《ひ》から1月以内《ひとつきいない》に支払《しはら》わなければならない。

No.45 同一《どういつ》の場所《ばしょ》で複数《ふくすう》の危険物《きけんぶつ》を取《と》り扱《あつか》う場合《ばあい》において、指定数量《していすうりょう》未満《みまん》となる組合《くみあわ》せとして、「消防法《しょうぼうほう》」上《じょう》、**誤《あやま》っているもの**はどれか

1　灯油《とうゆ》100L、重油《じゅうゆ》200L

2　ガソリン100L、灯油《とうゆ》200L

3　軽油《けいゆ》500L、重油《じゅうゆ》1,000L

4　灯油《とうゆ》200L、軽油《けいゆ》500L

No.46 次《つぎ》の建築設備《けんちくせつび》のうち、「建築物《けんちくぶつ》のエネルギー消費性能《しょうひせいのう》の向上《こうじょう》に関《かん》する法律《ほうりつ》」上《じょう》、エネルギー消費性能《しょうひせいのう》が評価《ひょうか》の対象《たいしょう》に**該当《がいとう》するもの**はどれか。

1　給水設備《きゅうすいせつび》

2　給湯設備《きゅうとうせつび》

3　ガス設備《せつび》

4　消火設備《しょうかせつび》

No.47

業務用冷凍空調機器《ぎょうむようれいとうくうちょうきき》（カーエアコンを除《のぞ》く。）の冷媒管理《れいばいかんり》に関《かん》する記述《きじゅつ》のうち、「フロン類《るい》の使用《しよう》の合理化及《ごうりかおよ》び管理《かんり》の適正化《てきせいか》に関《かん》する法律《ほうりつ》」上《じょう》、第一種特定製品《だいいっしゅとくていせいひん》の管理者《かんりしゃ》が当該機器《とうがいきき》の使用《しよう》時又《じまた》は廃棄時《はいきじ》に行《おこな》うべき事項《じこう》として**定《さだ》められていないもの**はどれか。

1　簡易点検《かんいてんけん》の実施《じっし》

2　フロン類《るい》の漏《ろう》えいを確認《かくにん》した場合《ばあい》の当該漏《とうがいろう》えいに係《かか》る点検及《てんけんおよ》び漏《ろう》えい箇所《かしょ》の修理《しゅうり》

3　点検及《てんけんおよ》び整備《せいび》に係《かか》る記録簿《きろくぼ》の保存《ほぞん》

4　フロン類《るい》の再生《さいせい》の実施及《じっしおよ》び再生証明書《さいせいしょうめいしょ》の交付《こうふ》

No.48

廃棄物《はいきぶつ》の処理《しょり》に関《かん》する記述《きじゅつ》のうち、「廃棄物《はいきぶつ》の処理及《しょりおよ》び清掃《せいそう》に関《かん》する法律《ほうりつ》」上《じょう》、**誤《あやま》っているもの**はどれか。

1　廃《はい》エアコンディショナー（国内《こくない》における日常生活《にちじょうせいかつ》に伴《ともな》って生《しょう》じたものに限《かぎ》る。）に含《ふく》まれるポリ塩化《えんか》ビフェニルを使用《しよう》する部品《ぶひん》は、特別《とくべつ》管理一般廃棄物《かんりいっぱんはいきぶつ》である。

2　地山《じやま》の掘削《くっさく》により生《しょう》じる土砂《どしゃ》は、産業廃棄物《さんぎょうはいきぶつ》として処理《しょり》する。

3　建築物《けんちくぶつ》の改築《かいちく》に伴《ともな》い生《しょう》じた衛生陶器《えいせいとうき》の破片《はへん》は、産業廃棄物《さんぎょうはいきぶつ》として処《しょ》理《り》する。

4　建築物《けんちくぶつ》の改築《かいちく》に伴《ともな》い除去《じょきょ》したビニル床《ゆか》タイルに、石綿《いしわた》をその重量《じゅうりょう》の0.1％を超《こ》えて含有《がんゆう》する場合《ばあい》、石綿含有産業廃棄物《いしわたがんゆうさんぎょうはいきぶつ》として処理《しょり》する。

解説▶別冊 p.115 ▶▶▶

※問題番号《もんだいばんごう》No.49からNo.52までの問題《もんだい》の正解《せいかい》は、1問《もん》について二《ふた》つです。

当該問題番号《とうがいもんだいばんごう》の解答記入欄《かいとうきにゅうらん》の正解《せいかい》と思《おも》う数字《すうじ》を二《ふた》つぬりつぶしてください。

1問《もん》について、一《ひと》つだけぬりつぶしたものや、三《みっ》つ以上《いじょう》ぬりつぶしたものは、正解《せいかい》となりません。

※問題番号《もんだいばんごう》No.49からNo.52までの4問題《もんだい》は必須問題《ひっすもんだい》です。全問題《ぜんもんだい》を解答《かいとう》してください。

No.49 工程表《こうていひょう》に関《かん》する記述《きじゅつ》のうち、**適当《てきとう》でないもの**はどれか。
適当《てきとう》でないものは二《ふた》つあるので、二《ふた》つとも答《こた》えなさい。

1　ガントチャート工程表《こうていひょう》は、各作業《かくさぎょう》を合《あ》わせた工事全体《こうじぜんたい》の進行状態《しんこうじょうたい》が不明《ふめい》という欠点《けってん》がある。

2　ガントチャート工程表《こうていひょう》は、各作業《かくさぎょう》の所要日数《しょようにっすう》が容易《ようい》に把握《はあく》できる。

3　バーチャート工程表《こうていひょう》に記入《きにゅう》される予定進度曲線《よていしんどきょくせん》は、バナナ曲線《きょくせん》とも呼《よ》ばれている。

4　バーチャート工程表《こうていひょう》は、各作業《かくさぎょう》の施工日程《せこうにってい》が容易《ようい》に把握《はあく》できる。

No.50 機器《きき》の据付《すえつ》けに関《かん》する記述《きじゅつ》のうち、**適当《てきとう》でないもの**はどれか。
適当《てきとう》でないものは二《ふた》つあるので、二《ふた》つとも答《こた》えなさい。

1　耐震《たいしん》ストッパーは、機器《きき》の4隅《すみ》に設置《せっち》し、それぞれアンカーボルト1本《ぽん》で基礎《きそ》に固定《こてい》する。

2　飲料用《いんりょうよう》の給水《きゅうすい》タンクは、タンクの上部《じょうぶ》が天井《てんじょう》から100cm以上離《いじょうはな》れるように据《す》え付《つ》ける。

3　冷水《れいすい》ポンプのコンクリート基礎《きそ》は、基礎表面《きそひょうめん》に排水溝《はいすいこう》を設《もう》け、間接《かんせつ》排水《はいすい》できるものとする。

4　排水用水中《はいすいようすいちゅう》モーターポンプは、排水槽《はいすいそう》への排水流入口《はいすいりゅうにゅうこう》に近接《きんせつ》した位《い》置《ち》に据《す》え付《つ》ける。

No.51 配管及《はいかんおよ》び配管附属品《はいかんふぞくひん》の施工《せこう》に関《かん》する記述《きじゅつ》のうち、**適当《てきとう》でないもの**はどれか。

適当《てきとう》でないものは二《ふた》つあるので、二《ふた》つとも答《こた》えなさい。

1　飲料用《いんりょうよう》の冷水器《れいすいき》の排水管《はいすいかん》は、その他《た》の排水管《はいすいかん》に直接連結《ちょくせつれんけつ》しない。

2　飲料用《いんりょうよう》の受水《じゅすい》タンクに給水管《きゅうすいかん》を接続《せつぞく》する場合《ばあい》は、フレキシブルジョイントを介《かい》して接続《せつぞく》する。

3　ループ通気管《つうきかん》の排水横枝管《はいすいよこえだかん》からの取出《とりだ》しの向《む》きは、水平又《すいへいまた》は水平《すいへい》から45°以内《いない》とする。

4　ループ通気管《つうきかん》の排水横枝管《はいすいよこえだかん》からの取出《とりだ》し位置《いち》は、排水横枝管《はいすいよこえだかん》に最上流《さいじょうりゅう》の器具排水管《きぐはいすいかん》が接続《せつぞく》された箇所《かしょ》の上流側《じょうりゅうがわ》とする。

No.52 ダクト及《およ》びダクト附属品《ふぞくひん》の施工《せこう》に関《かん》する記述《きじゅつ》のうち、**適当《てきとう》でないもの**はどれか。

適当《てきとう》でないものは二《ふた》つあるので、二《ふた》つとも答《こた》えなさい。

1　ダクト接合用《せつごうよう》のフランジの許容最大取付《きょようさいだいとりつ》け間隔《かんかく》は、ダクトの寸法《すんぽう》が小《ちい》さいほど小《ちい》さくなる。

2　シーリングディフューザーの外《そと》コーンには、落下防止用《らっかぼうしよう》のワイヤー等《とう》を取《と》り付《つ》ける。

3　防火《ぼうか》ダンパーは、火災《かさい》による脱落《だつらく》がないように、原則《げんそく》として、4本《ほん》吊《づ》りとする。

4　小口径《しょうこうけい》のスパイラルダクトの接続《せつぞく》には、一般的《いっぱんてき》に、差込継手《さしこみつぎて》が使用《しよう》される。

令和３年度(後期)問題

解説▶別冊 p.117 ▶▶▶

MEMO

2級管工事施工管理技術検定試験

令和3年度（前期）

第一次検定

■選択問題《せんたくもんだい》は、指定数《していすう》を超《こ》えて解答《かいとう》した場合《ばあい》、減点《げんてん》となります。

・問題番号《もんだいばんごう》No.1からNo.6までの6問題《もんだい》は必須問題《ひっすもんだい》です。全問題《ぜんもんだい》を解答《かいとう》してください。

・問題番号《もんだいばんごう》No.7からNo.23までの17問題《もんだい》のうちから9問題《もんだい》を選択《せんたく》し、解答《かいとう》してください。

・問題番号《もんだいばんごう》No.24からNo.28までの5問題《もんだい》は必須問題《ひっすもんだい》です。全問題《ぜんもんだい》を解答《かいとう》してください。

・問題番号《もんだいばんごう》No.29からNo.38までの10問題《もんだい》のうちから8問題《もんだい》を選択《せんたく》し、解答《かいとう》してください。

・問題番号《もんだいばんごう》No.39からNo.48までの10問題《もんだい》のうちから8問題《もんだい》を選択《せんたく》し、解答《かいとう》してください。

・問題番号《もんだいばんごう》No.49からNo.52までの4問題《もんだい》は、施工管理法《せこうかんりほう》(基礎的《きそてき》な能《のう》力《りょく》)の問題《もんだい》で、必須問題《ひっすもんだい》です。全問題《ぜんもんだい》を解答《かいとう》してください。

・第一次検定結果データ・

受検者数	4,518人
合格者数	2,529人
合格率	56.0%

合格基準	24問以上

別冊p.178～179に解答用紙がありますので，コピーしてお使いください。

令和3年度　前期

2級 管工事施工管理技術検定

第一次検定問題

※問題番号《もんだいばんごう》No.1からNo.48までの問題《もんだい》の正解《せいかい》は、1問《もん》について一《ひと》つです。
当該問題番号《とうがいもんだいばんごう》の解答記入欄《かいとうきにゅうらん》の正解《せいかい》と思《おも》う数字《すうじ》を一《ひと》つぬりつぶしてください。
1問《もん》について、二《ふた》つ以上《いじょう》ぬりつぶしたものは、正解《せいかい》となりません。

※問題番号《もんだいばんごう》No.1からNo.6までの6問題《もんだい》は必須問題《ひっすもんだい》です。全問題《ぜんもんだい》を解答《かいとう》してください。

No. 1

次《つぎ》の指標《しひょう》のうち、室内空気環境《しつないくうきかんきょう》と**関係《かんけい》のないもの**はどれか。

1　浮遊物質量《ふゆうぶっしつりょう》（SS）
2　予想平均申告《よそうへいきんしんこく》（PMV）
3　揮発性有機化合物《きはつせいゆうきかごうぶつ》（VOCs）濃度《のうど》
4　気流《きりゅう》

No. 2

室内空気環境《しつないくうきかんきょう》に関《かん》する記述《きじゅつ》のうち、**適当《てきとう》でないもの**はどれか。

1　石綿《せきめん》は、天然《てんねん》の繊維状《せんいじょう》の鉱物《こうぶつ》で、その粉《ふん》じんを吸入《きゅうにゅう》すると、中皮腫《ちゅうひしゅ》などの重篤《じゅうとく》な健康障害《けんこうしょうがい》を引《ひ》き起《お》こすおそれがある。

2　空気齢《くうきれい》とは、室内《しつない》のある地点《ちてん》における空気《くうき》の新鮮《しんせん》さの度合《どあ》いを示《しめ》すもので、空気齢《くうきれい》が大《おお》きいほど、その地点《ちてん》での換気効率《かんきこうりつ》がよく空気《くうき》は新《しん》鮮《せん》である。

3　臭気《しゅうき》は、空気汚染《くうきおせん》を示《しめ》す指標《しひょう》の一《ひと》つであり、臭気強度《しゅうききょうど》や臭気指数《しゅうきしすう》で表《あらわ》す。

4　二酸化炭素《にさんかたんそ》は無色無臭《むしょくむしゅう》の気体《きたい》で、「建築物《けんちくぶつ》における衛生的環境《えいせいてきかんきょう》の確《かく》保《ほ》に関《かん》する法律《ほうりつ》」における建築物環境衛生管理基準《けんちくぶつかんきょうえいせいかんりきじゅん》では、室内《しつない》における許容濃度《きょようのうど》は0.1％以下《いか》とされている。

No. 3

流体《りゅうたい》に関《かん》する用語《ようご》の組合《くみあわ》せのうち、**関係《かんけい》のないもの**はどれか。

1　粘性係数《ねんせいけいすう》 ―――― 摩擦応力《まさつおうりょく》
2　パスカルの原理《げんり》 ―――― 水圧《すいあつ》
3　体積弾性係数《たいせきだんせいけいすう》 ―――― 圧縮率《あっしゅくりつ》
4　レイノルズ数《すう》 ―――― 表面張力《ひょうめんちょうりょく》

No. 4

伝熱《でんねつ》に関《かん》する記述《きじゅつ》のうち、**適当《てきとう》でないもの**はどれか。

1　固体壁《こたいへき》における熱通過《ねつつうか》とは、固体壁《こたいへき》を挟《はさ》んだ流体《りゅうたい》の間《あいだ》の伝熱《でんねつ》をいう。
2　固体壁《こたいへき》における熱伝達《ねつでんたつ》とは、固体壁表面《こたいへきひょうめん》とこれに接《せっ》する流体《りゅうたい》との間《あいだ》で熱《ねつ》が移動《いどう》する現象《げんしょう》をいう。
3　気体《きたい》は、一般的《いっぱんてき》に、液体《えきたい》や固体《こたい》と比較《ひかく》して熱伝導率《ねつでんどうりつ》が大《おお》きい。
4　自然対流《しぜんたいりゅう》とは、流体内《りゅうたいない》のある部分《ぶぶん》が温《あたた》められ上昇《じょうしょう》し、周囲《しゅうい》の低温《ていおん》の流体《りゅうたい》がこれに代《か》わって流入《りゅうにゅう》する熱移動現象等《ねついどうげんしょうとう》をいう。

No. 5

一般用電気工作物《いっぱんようでんきこうさくぶつ》において、「電気工事士法《でんきこうじしほう》」上《じょう》、電気工事士《でんきこうじし》資格《しかく》を有《ゆう》しない者《もの》でも**従事《じゅうじ》することができるもの**はどれか。

1　電線管《でんせんかん》に電線《でんせん》を収《おさ》める作業《さぎょう》
2　電線管《でんせんかん》とボックスを接続《せつぞく》する作業《さぎょう》
3　露出型《ろしゅつがた》コンセントを取《と》り換《か》える作業《さぎょう》
4　接地極《せっちきょく》を地面《じめん》に埋設《まいせつ》する作業《さぎょう》

解説▶別冊 p.120 ▶▶▶

No. 6

鉄筋《てっきん》コンクリート造《ぞう》の建築物《けんちくぶつ》の鉄筋《てっきん》に関《かん》する記述《きじゅつ》のうち、**適当《てきとう》でないもの**はどれか。

1　ジャンカ、コールドジョイントは、鉄筋《てっきん》の腐食《ふしょく》の原因《げんいん》になりやすい。

2　コンクリートの引張《ひっぱ》り強度《きょうど》は小《ちい》さく、鉄筋《てっきん》の引張《ひっぱ》り強度《きょうど》は大《おお》きい。

3　あばら筋《きん》は、梁《はり》のせん断破壊《だんはかい》を防止《ぼうし》する補強筋《ほきょうきん》である。

4　鉄筋《てっきん》のかぶり厚《あつ》さは、外壁《がいへき》、柱《はしら》、梁及《はりおよ》び基礎《きそ》で同《おな》じ厚《あつ》さとしなければならない。

※問題番号《もんだいばんごう》No.7からNo.23までの17問題《もんだい》のうちから9問題《もんだい》を選択《せんたく》し、解答《かいとう》してください。

No. 7

空気調和設備《くうきちょうわせつび》の計画《けいかく》に関《かん》する記述《きじゅつ》のうち、省《しょう》エネルギーの観点《かんてん》から、**適当《てきとう》でないもの**はどれか。

1　湿度制御《しつどせいぎょ》のため、冷房《れいぼう》に冷却減湿《れいきゃくげんしつ》・再熱方式《さいねつほうしき》を採用《さいよう》する。

2　予冷《よれい》・予熱時《よねつじ》に外気《がいき》を取《と》り入《い》れないように制御《せいぎょ》する。

3　ユニット形空気調和機《がたくうきちょうわき》に全熱交換器《ぜんねつこうかんき》を組《く》み込《こ》む。

4　成績係数《せいせきけいすう》が高《たか》い機器《きき》を採用《さいよう》する。

No. 8 下《か》図《ず》に示《しめ》す暖房時《だんぼうじ》の湿《しめ》り空気線図《くうきせんず》に関《かん》する記述《きじゅつ》のうち、**適当《てきとう》でないもの**はどれか。ただし、空気調和方式《くうきちょうわほうしき》は定風量単一《ていふうりょうたんいつ》ダクト方式《ほうしき》、加湿方式《かしつほうしき》は水噴霧加湿《みずふんむかしつ》とする。

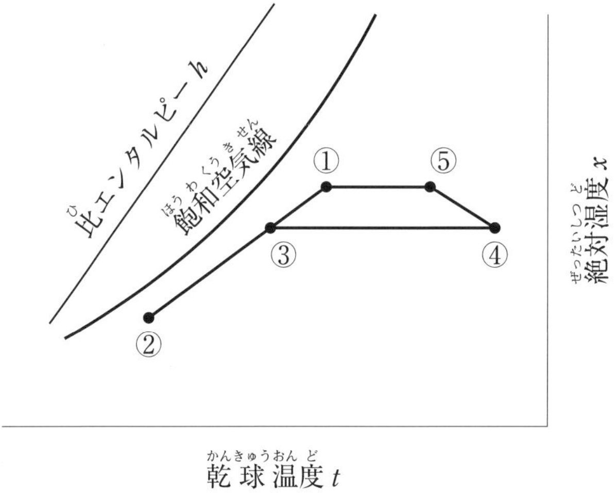

1　吹出《ふきだ》し温度差《おんどさ》は①と⑤の乾球温度差《かんきゅうおんどさ》である。

2　コイルの加熱負荷《かねつふか》は、③と④の比《ひ》エンタルピー差《さ》から求《もと》める。

3　加湿量《かしつりょう》は、④と⑤の相対湿度差《そうたいしつどさ》から求《もと》める。

4　コイルの加熱温度差《かねつおんどさ》は、③と④の乾球温度差《かんきゅうおんどさ》である。

解説▶別冊 p.122 ▶▶▶

No. 9

熱負荷《ねつふか》に関《かん》する記述《きじゅつ》のうち、**適当《てきとう》でないもの**はどれか。

1 構造体《こうぞうたい》の熱通過率《ねつつうかりつ》の値《あたい》が小《ちい》さいほど、通過熱負荷《つうかねつふか》は小《ちい》さくなる。

2 冷房負荷計算《れいぼうふかけいさん》では、OA機器《きき》から発生《はっせい》する顕熱及《けんねつおよ》び潜熱《せんねつ》を考慮《こうりょ》する必要《ひつよう》がある。

3 二重《にじゅう》サッシ内《ない》にブラインドを設置《せっち》した場合《ばあい》は、室内《しつない》に設置《せっち》した場合《ばあい》より日射負荷《にっしゃふか》は小《ちい》さくなる。

4 冷房負荷計算《れいぼうふかけいさん》では、ダクト通過熱損失《つうかねつそんしつ》と送風機《そうふうき》による熱負荷《ねつふか》を考慮《こうりょ》する必要《ひつよう》がある。

No. 10

空気清浄装置《くうきせいじょうそうち》の記述《きじゅつ》のうち、**適当《てきとう》でないもの**はどれか。

1 ろ材《ざい》の特性《とくせい》の一《ひと》つとして、粉《ふん》じん保持容量《ほじようりょう》が小《ちい》さいことが求《もと》められる。

2 自動巻取形《じどうまきとりがた》は、タイマー又《また》は前後《ぜんご》の差圧《さあつ》スイッチにより自動的《じどうてき》に巻《まき》取《と》りが行《おこな》われる。

3 静電式《せいでんしき》は、比較的微細《ひかくてきびさい》な粉《ふん》じん用《よう》に使用《しよう》される。

4 圧力損失《あつりょくそんしつ》は、上流側《じょうりゅうがわ》と下流側《かりゅうがわ》の圧力差《あつりょくさ》で、初期値《しょきち》と最終値《さいしゅうち》がある。

No. 11

放熱器《ほうねつき》を室内《しつない》に設置《せっち》する直接暖房方式《ちょくせつだんぼうほうしき》に関《かん》する記述《きじゅつ》のうち、**適《てき》当《とう》でないもの**はどれか。

1 暖房用自然対流《だんぼうようしぜんたいりゅう》・放射形放熱器《ほうしゃがたほうねつき》には、コンベクタ類《るい》とラジエータ類《るい》がある。

2 温水暖房《おんすいだんぼう》のウォーミングアップにかかる時間《じかん》は、蒸気暖房《じょうきだんぼう》に比《くら》べて長《なが》くなる。

3 温水暖房《おんすいだんぼう》の放熱面積《ほうねつめんせき》は、蒸気暖房《じょうきだんぼう》に比《くら》べて小《ちい》さくなる。

4 暖房用強制対流形放熱器《だんぼうようきょうせいたいりゅうがたほうねつき》のファンコンベクタには、ドレンパンは不《ふ》要《よう》である。

No.12 吸収冷温水機《きゅうしゅうれいおんすいき》の特徴《とくちょう》に関《かん》する記述《きじゅつ》のうち、**適当《てきとう》でないもの**はどれか。

1　木質《もくしつ》バイオマス燃料《ねんりょう》の木質《もくしつ》ペレットを燃料《ねんりょう》として使用《しよう》する機種《きしゅ》もある。

2　立《た》ち上《あ》がり時間《じかん》は、一般的《いっぱんてき》に、圧縮式冷凍機《あっしゅくしきれいとうき》に比《くら》べて短《みじか》い。

3　運転時《うんてんじ》、冷水《れいすい》と温水《おんすい》を同時《どうじ》に取《と》り出《だ》すことができる機種《きしゅ》もある。

4　二重効用吸収冷温水機《にじゅうこうようきゅうしゅうれいおんすいき》は、一般的《いっぱんてき》に、取扱《とりあつか》いにボイラー技士《ぎし》を必要《ひつよう》としない。

No.13 換気設備《かんきせつび》に関《かん》する記述《きじゅつ》のうち、**適当《てきとう》でないもの**はどれか。

1　発電機室《はつでんきしつ》の換気《かんき》は、第《だい》1種《しゅ》機械換気方式《きかいかんきほうしき》とする。

2　無窓《むそう》の居室《きょしつ》の換気《かんき》は、第《だい》1種《しゅ》機械換気方式《きかいかんきほうしき》とする。

3　便所《べんじょ》の換気《かんき》は、居室《きょしつ》の換気系統《かんきけいとう》にまとめる。

4　駐車場《ちゅうしゃじょう》の換気《かんき》は、誘引誘導換気方式《ゆういんゆうどうかんきほうしき》とする。

No.14 換気設備《かんきせつび》に関《かん》する記述《きじゅつ》のうち、**適当《てきとう》でないもの**はどれか。

1　汚染度《おせんど》の高《たか》い室《しつ》を換気《かんき》する場合《ばあい》の室圧《しつあつ》は、周囲《しゅうい》の室《しつ》より高《たか》くする。

2　汚染源《おせんげん》が固定《こてい》していない室《しつ》は、全体空気《ぜんたいくうき》の入替《いれか》えを行《おこな》う全般換気《ぜんぱんかんき》とする。

3　排気《はいき》フードは、できるだけ汚染源《おせんげん》に近接《きんせつ》し、汚染源《おせんげん》を囲《かこ》むように設《もう》ける。

4　排風機《はいふうき》は、できるだけダクト系《けい》の末端《まったん》に設《もう》け、ダクト内《ない》を負圧《ふあつ》にする。

No.15 給水装置《きゅうすいそうち》（最終《さいしゅう》の止水機構《しすいきこう》の流出側《りゅうしゅつがわ》に設置《せっち》されている給水用具《きゅうすいようぐ》を除《のぞ》く。）の耐圧性能試験《たいあつせいのうしけん》の「静水圧《せいすいあつ》」と「保持時間《ほじじかん》」の組合《くみあわ》せのうち、**適当《てきとう》なもの**はどれか。

	（静水圧《せいすいあつ》）		（保持時間《ほじじかん》）
1	1.75MPa	――――	30秒間《びょうかん》
2	1.75MPa	――――	1分間《ぷんかん》
3	0.75MPa	――――	1分間《ぷんかん》
4	0.75MPa	――――	5分間《ふんかん》

解説▶別冊 p.124 ▶▶▶

No.16 下水道《げすいどう》に関《かん》する記述《きじゅつ》のうち、**適当《てきとう》でないもの**はどれか。

1 管《かん》きょの断面《だんめん》は、円形又《えんけいまた》は矩形《くけい》を標準《ひょうじゅん》とし、小規模下水道《しょうきぼげすいどう》では円形《えんけい》又《また》は卵形《らんけい》を標準《ひょうじゅん》とする。

2 分流式《ぶんりゅうしき》の汚水《おすい》だけを流《なが》す場合《ばあい》は、必《かなら》ず暗《あん》きょとする。

3 管《かん》きょの流速《りゅうそく》が小《ちい》さければ、管《かん》きょ底部《ていぶ》に汚物《おぶつ》が沈殿《ちんでん》しにくくなる。

4 公共下水道《こうきょうげすいどう》の排除方式《はいじょほうしき》は、原則《げんそく》として、分流式《ぶんりゅうしき》とする。

No.17 給水設備《きゅうすいせつび》に関《かん》する記述《きじゅつ》のうち、**適当《てきとう》でないもの**はどれか。

1 節水《せっすい》こま組込《くみこ》みの節水型給水栓《せっすいがたきゅうすいせん》は、流《なが》し洗《あら》いの場合《ばあい》、無意識《むいしき》に節水《せっすい》することができる。

2 給水管《きゅうすいかん》の分岐《ぶんき》は、上向《うわむ》き給水《きゅうすい》の場合《ばあい》は上取出《うえとりだ》し、下向《したむ》き給水《きゅうすい》の場合《ばあい》は下取出《したとりだ》しとする。

3 飲料用給水《いんりょうようきゅうすい》タンクのオーバーフロー管《かん》には、排水《はいすい》トラップを設《もう》けてはならない。

4 高置《こうち》タンク方式《ほうしき》は、他《た》の給水方式《きゅうすいほうしき》に比《くら》べ、給水圧力《きゅうすいあつりょく》の変動《へんどう》が大《おお》きい。

No.18 給湯設備《きゅうとうせつび》に関《かん》する記述《きじゅつ》のうち、**適当《てきとう》でないもの**はどれか。

1 給湯管《きゅうとうかん》に使用《しよう》される架橋《かきょう》ポリエチレン管《かん》の線膨張係数《せんぼうちょうけいすう》は、銅管《どうかん》の線《せん》膨張係数《ぼうちょうけいすう》に比《くら》べて小《ちい》さい。

2 湯沸室《ゆわかししつ》の給茶用《きゅうちゃよう》の給湯《きゅうとう》には、一般的《いっぱんてき》に、局所式給湯設備《きょくしょしききゅうとうせつび》が採用《さいよう》される。

3 ホテル、病院等《びょういんとう》の給湯使用量《きゅうとうしようりょう》の大《おお》きな建物《たてもの》には、中央式給湯設備《ちゅうおうしききゅうとうせつび》が採用《さいよう》されることが多《おお》い。

4 給湯配管《きゅうとうはいかん》で上向《うわむ》き供給方式《きょうきゅうほうしき》の場合《ばあい》、給湯管《きゅうとうかん》は先上《さきあ》がり、返湯管《へんとうかん》は先《さき》下《さ》がりとする。

No.19 通気設備《つうきせつび》に関《かん》する記述《きじゅつ》のうち、**適当《てきとう》でないもの**はどれか。

1　排水横枝管《はいすいよこえだかん》から立《た》ち上《あ》げたループ通気管《つうきかん》は、通気立《つうきた》て管《かん》又《また》は伸頂通気管《しんちょうつうきかん》に接続《せつぞく》する。

2　大便器《だいべんき》の器具排水管《きぐはいすいかん》は、湿《しめ》り通気管《つうきかん》として利用《りよう》してよい。

3　通気立《つうきた》て管《かん》の上端《じょうたん》は、単独《たんどく》で大気中《たいきちゅう》に開口《かいこう》してよい。

4　通気管《つうきかん》は、排水系統内《はいすいけいとうない》の空気《くうき》の流《なが》れを円滑《えんかつ》にするために設《もう》ける。

No.20 器具排水負荷単位法《きぐはいすいふかたんいほう》による排水管《はいすいかん》の管径《かんけい》の算定《さんてい》に**関係《かんけい》のないもの**はどれか。

1　器具排水負荷単位数《きぐはいすいふかたんいすう》

2　ブランチ間隔《かんかく》

3　配管材質《はいかんざいしつ》

4　勾配《こうばい》

No.21 屋内消火栓設備《おくないしょうかせんせつび》において、ポンプの仕様《しよう》の決定《けってい》に**関係《かんけい》のないもの**はどれか。

1　実揚程《じつようてい》

2　消防用《しょうぼうよう》ホースの摩擦損失水頭《まさつそんしつすいとう》

3　屋内消火栓《おくないしょうかせん》の同時開口数《どうじかいこうすう》

4　水源《すいげん》の容量《ようりょう》

No.22 ガス設備《せつび》に関《かん》する記述《きじゅつ》のうち、**適当《てきとう》でないもの**はどれか。

1　液化石油《えきかせきゆ》ガスは、空気中《くうきちゅう》に漏《ろう》えいすると低《ひく》いところに滞留《たいりゅう》しやすい。

2　液化石油《えきかせきゆ》ガスは、主成分《しゅせいぶん》である炭化水素由来《たんかすいそゆらい》の臭気《しゅうき》により、ガス漏《も》れを感知《かんち》できる。

3　一般家庭用《いっぱんかていよう》のガスメーターは、原則《げんそく》として、マイコンメーターとする。

4　液化天然《えきかてんねん》ガスは、石炭《せきたん》や石油《せきゆ》に比《くら》べ、燃焼時《ねんしょうじ》の二酸化炭素《にさんかたんそ》の発生量《はっせいりょう》が少《すく》ない。

解説▶別冊 p.127 ▶▶▶

No.23 FRP製浄化槽《せいじょうかそう》の施工《せこう》に関《かん》する記述《きじゅつ》のうち、**適当《てきとう》でないもの**はどれか。

1 槽《そう》が2槽《そう》に分《わ》かれる場合《ばあい》においても、基礎《きそ》は一体《いったい》の共通基礎《きょうつうきそ》とする。

2 ブロワーは、隣家《りんか》や寝室等《しんしつなど》から離《はな》れた場所《ばしょ》に設置《せっち》する。

3 通気管《つうきかん》を設《もう》ける場合《ばあい》は、先下《さきさが》り勾配《こうばい》とする。

4 腐食《ふしょく》が激《はげ》しい箇所《かしょ》のマンホールふたは、プラスチック製等《せいとう》としてよい。

※問題番号《もんだいばんごう》No.24からNo.28までの5問題《もんだい》は必須問題《ひっすもんだい》です。全問題《ぜんもんだい》を解答《かいとう》してください。

No.24 給湯設備《きゅうとうせつび》の機器《きき》に関《かん》する記述《きじゅつ》のうち、**適当《てきとう》でないもの**はどれか。

1 小型貫流《こがたかんりゅう》ボイラーは、保有水量《ほゆうすいりょう》が少《すく》ないため、起動時間《きどうじかん》が短《みじか》く、負《ふ》荷変動《かへんどう》への追従性《ついじゅうせい》がよい。

2 空気熱源《くうきねつげん》ヒートポンプ給湯機《きゅうとうき》は、大気中《たいきちゅう》の熱《ねつ》エネルギーを給湯《きゅうとう》の加《か》熱《ねつ》に利用《りよう》するものである。

3 真空式温水発生機《しんくうしきおんすいはっせいき》は、本体《ほんたい》に封入《ふうにゅう》されている熱媒水《ねつばいすい》の補給《ほきゅう》が必要《ひつよう》である。

4 密閉式《みっぺいしき》ガス湯沸器《ゆわかしき》は、燃焼空気《ねんしょうくうき》を室内《しつない》から取《と》り入《い》れ、燃焼《ねんしょう》ガスを直《ちょく》接屋外《せつおくがい》に排出《はいしゅつ》するものである。

No.25 設備機器《せつびきき》に関《かん》する記述《きじゅつ》のうち、**適当《てきとう》でないもの**はどれか。

1 遠心《えんしん》ポンプでは、一般的《いっぱんてき》に、吐出量《としゅつりょう》が増加《ぞうか》したときは全揚程《ぜんようてい》も増加《ぞうか》する。

2 飲料用受水《いんりょうようじゅすい》タンクには、鋼板製《こうはんせい》、ステンレス製《せい》、プラスチック製及《せいおよ》び木製《もくせい》のものがある。

3 軸流送風機《じくりゅうそうふうき》は、構造的《こうぞうてき》に小型《こがた》で低圧力《ていあつりょく》、大風量《だいふうりょう》に適《てき》した送風機《そうふうき》である。

4 吸収冷温水機《きゅうしゅうれいおんすいき》は、ボイラーと冷凍機《れいとうき》の両方《りょうほう》を設置《せっち》する場合《ばあい》に比《くら》べ、設置面積《せっちめんせき》が小《ちい》さい。

No.26

配管材料《はいかんざいりょう》に関《かん》する記述《きじゅつ》のうち、**適当《てきとう》でないもの**はどれか。

1　排水《はいすい》・通気用耐火二層管《つうきようたいかにそうかん》は、防火区画貫通部《ぼうかくかくかんつうぶ》1時間遮炎性能《じかんしゃえんせいのう》の規定《きてい》に適合《てきごう》する。

2　水道用硬質《すいどうようこうしつ》ポリ塩化《えんか》ビニル管《かん》の種類《しゅるい》には、VPとHIVP（耐衝撃性《たいしょうげきせい》）がある。

3　水道用《すいどうよう》ポリエチレン二層管《にそうかん》の種類《しゅるい》には、1種《しゅ》、2種《しゅ》、3種《しゅ》がある。

4　排水用《はいすいよう》リサイクル硬質《こうしつ》ポリ塩化《えんか》ビニル管《かん》（REP-VU）は、屋内排水《おくないはいすい》用《よう》の塩化《えんか》ビニル管《かん》である。

No.27

ダクト及《およ》びダクト附属品《ふぞくひん》に関《かん》する記述《きじゅつ》のうち、**適当《てきとう》でないもの**はどれか。

1　案内羽根《あんないばね》（ガイドベーン）は、直角《ちょっかく》エルボ等《とう》に設《もう》け、圧力損失《あつりょくそんしつ》を低《てい》減《げん》する。

2　軸流吹出口《じくりゅうふきだしぐち》の種類《しゅるい》には、ノズル形《がた》、パンカルーバー形《がた》、グリル形等《がたとう》がある。

3　吸込口《すいこみぐち》が居住区域内《きょじゅうくいきない》の座席《ざせき》に近《ちか》い位置《いち》にある場合《ばあい》は、有効開口面風《ゆうこうかいこうめんふう》速《そく》を2.0～3.0m/sとする。

4　シーリングディフューザー形吹出口《がたふきだしぐち》は、室内空気《しつないくうき》を誘引《ゆういん》する効果《こうか》が小《ちい》さく、拡散半径《かくさんはんけい》が小《ちい》さい。

No.28

「設備機器《せつびきき》」と、その仕様《しよう》として設計図書《せっけいとしょ》に「記載《きさい》する項目《こうもく》」の組合《くみあわ》せのうち、**適当《てきとう》でないもの**はどれか。

	（設備機器《せつびきき》）	（記載《きさい》する項目《こうもく》）
1	ボイラー	定格出力《ていかくしゅつりょく》
2	給湯用循環《きゅうとうようじゅんかん》ポンプ	循環水量《じゅんかんすいりょう》
3	吸収冷温水機《きゅうしゅうれいおんすいき》	圧縮機容量《あっしゅくきようりょう》
4	ファンコイルユニット	型番《かたばん》

解説▶別冊 p.129 ▶▶▶

※問題番号《もんだいばんごう》No.29からNo.38までの10問題《もんだい》のうちから8問題《もんだい》を選択《せんたく》し、解答《かいとう》してください。

No.29

公共工事《こうきょうこうじ》における施工計画等《せこうけいかくとう》に関《かん》する記述《きじゅつ》のうち、**適当《てきとう》でないもの**はどれか。

1　受注者《じゅちゅうしゃ》は、総合施工計画書及《そうごうせこうけいかくしょおよ》び工種別《こうしゅべつ》の施工計画書《せこうけいかくしょ》を監督員《かんとくいん》に提出《ていしゅつ》する。

2　発注者《はっちゅうしゃ》は、現場代理人《げんばだいりにん》の工事現場《こうじげんば》への常駐義務《じょうちゅうぎむ》を一定《いってい》の要件《ようけん》のもとに緩和《かんわ》できる。

3　設計図面《せっけいずめん》と標準仕様書《ひょうじゅんしようしょ》の内容《ないよう》に相違《そうい》がある場合《ばあい》は、標準仕様書《ひょうじゅんしようしょ》の内容《ないよう》が優先《ゆうせん》される。

4　受注者《じゅちゅうしゃ》は、設計図書《せっけいとしょ》の内容《ないよう》や現場《げんば》の納《おさ》まりに疑義《ぎぎ》が生《しょう》じた場合《ばあい》、監督員《かんとくいん》と協議《きょうぎ》する。

No.30

下図《かず》に示《しめ》すネットワーク工程表《こうていひょう》において、クリティカルパスの所要日数《しょようにっすう》として、**適当《てきとう》なもの**はどれか。

ただし、図中《ずちゅう》のイベント間《かん》のＡ～Ｈは作業内容《さぎょうないよう》、日数《にっすう》は作業日《さぎょうにっ》数《すう》を表《あらわ》す。

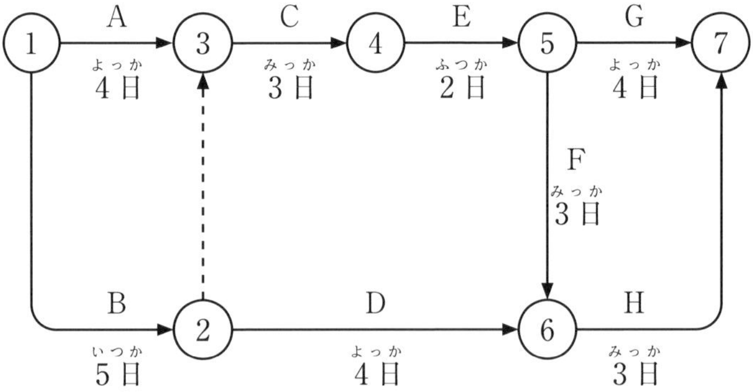

1　12日《にち》
2　13日《にち》
3　15日《にち》
4　16日《にち》

No.31 品質《ひんしつ》を確認《かくにん》するための検査《けんさ》に関《かん》する記述《きじゅつ》のうち、**適当《てきとう》でないもの**はどれか。

1　防火《ぼうか》ダンパーの温度《おんど》ヒューズの作動《さどう》は、全数検査《ぜんすうけんさ》で確認《かくにん》する。
2　給水配管《きゅうすいはいかん》の水圧試験《すいあつしけん》は、全数検査《ぜんすうけんさ》で確認《かくにん》する。
3　ボイラーの安全弁《あんぜんべん》の作動《さどう》は、全数検査《ぜんすうけんさ》で確認《かくにん》する。
4　防火区画《ぼうかくかく》の穴埋《あなう》めは、全数検査《ぜんすうけんさ》で確認《かくにん》する。

No.32 建設工事《けんせつこうじ》における安全管理《あんぜんかんり》に関《かん》する記述《きじゅつ》のうち、**適当《てきとう》でないもの**はどれか。

1　ツールボックスミーティングは、作業開始前《さぎょうかいしまえ》だけでなく、必要《ひつよう》に応《おう》じて、昼食後《ちゅうしょくご》の作業再開時《さぎょうさいかいじ》や作業切《さぎょうきり》替《か》え時《じ》に行《おこな》われることもある。
2　ツールボックスミーティングでは、当該作業《とうがいさぎょう》における安全等《あんぜんとう》について、短時間《たんじかん》の話《はな》し合《あ》いが行《おこな》われる。
3　既設汚水《きせつおすい》ピット内《ない》で作業《さぎょう》を行《おこな》う際《さい》は、酸素濃度《さんそのうど》のほか、硫化水素濃《りゅうかすいそのう》度《ど》も確認《かくにん》する。
4　既設汚水《きせつおすい》ピット内《ない》で作業《さぎょう》を行《おこな》う際《さい》は、酸素濃度《さんそのうど》が15％以上《いじょう》であることを確認《かくにん》する。

解説▶別冊 p.131 ▶▶▶

No.33

機器《きき》の据付《すえつ》けに関《かん》する記述《きじゅつ》のうち、**適当《てきとう》でないもの**はどれか。

1　パッケージ形空気調和機《がたくうきちょうわき》の屋外機《おくがいき》の騒音対策《そうおんたいさく》には、防音壁《ぼうおんへき》の設置等《せっちとう》がある。

2　遠心送風機《えんしんそうふうき》の心出《しんだ》し調整《ちょうせい》は、製造者《せいぞうしゃ》が出荷前《しゅっかまえ》に行《おこな》うこととし、据付《すえつ》け時《じ》には行《おこな》わない。

3　床置《ゆかお》き形《がた》のパッケージ形空気調和機《がたくうきちょうわき》の基礎《きそ》の高《たか》さは、150mm程度《ていど》とする。

4　縦横比《じゅうおうひ》の大《おお》きい自立機器《じりつきき》への頂部支持材《ちょうぶしじざい》の取付《とりつ》けは、原則《げんそく》として、2箇所以上《かしょいじょう》とする。

No.34

配管及《はいかんおよ》び配管附属品《はいかんふぞくひん》の施工《せこう》に関《かん》する記述《きじゅつ》のうち、**適当《てきとう》でないもの**はどれか。

1　給水立《きゅうすいた》て管《かん》から各階《かくかい》への分岐管《ぶんきかん》には、分岐点《ぶんきてん》に近接《きんせつ》した部分《ぶぶん》に止水《しすい》弁《べん》を設《もう》ける。

2　雑排水用《ざつはいすいよう》に配管用炭素鋼鋼管《はいかんようたんそこうこうかん》を使用《しよう》する場合《ばあい》は、ねじ込《こ》み式鋼管製《しきこうかんせい》管継手《かんつぎて》で接続《せつぞく》する。

3　パイプカッターは、管径《かんけい》が小《ちい》さい銅管《どうかん》やステンレス鋼管《こうかん》の切断《せつだん》に使《し》用《よう》される。

4　地中《ちちゅう》で給水管《きゅうすいかん》と排水管《はいすいかん》を交差《こうさ》させる場合《ばあい》は、給水管《きゅうすいかん》を排水管《はいすいかん》より上《じょう》方《ほう》に埋設《まいせつ》する。

No.35

ダクト及《およ》びダクト附属品《ふぞくひん》の施工《せこう》に関《かん》する記述《きじゅつ》のうち、**適当《てきとう》でないもの**はどれか。

1　保温《ほおん》するダクトが防火区画《ぼうかくかく》を貫通《かんつう》する場合《ばあい》、貫通部《かんつうぶ》の保温材《ほおんざい》はロックウール保温材《ほおんざい》とする。

2　送風機《そうふうき》の接続《せつぞく》ダクトに取《と》り付《つ》ける風量測定口《ふうりょうそくていこう》は、送風機《そうふうき》の吐出《はきだ》し口《ぐち》の直近《ちょっきん》に取《と》り付《つ》ける。

3　フレキシブルダクトは、吹出口《ふきだしぐち》ボックス及《およ》び吸込口《すいこみぐち》ボックスの接続《せつぞく》用《よう》に使用《しよう》してもよい。

4　共板《ともいた》フランジ工法《こうほう》ダクトの施工《せこう》において、クリップ等《とう》のフランジ押《おさ》え金具《かなぐ》は再使用《さいしよう》しない。

No.36 保温《ほおん》、保冷《ほれい》、塗装等《とそうとう》に関《かん》する記述《きじゅつ》のうち、**適当《てきとう》でないもの**はどれか。

1　アルミニウムペイントは、蒸気管《じょうきかん》や放熱器《ほうねつき》の塗装《とそう》には使用《しよう》しない。

2　天井内《てんじょうない》に隠《いん》ぺいされる冷温水配管《れいおんすいはいかん》の保温《ほおん》は、水圧試験後《すいあつしけんご》に行《おこな》う。

3　冷温水配管《れいおんすいはいかん》の吊《つ》りバンドの支持部《しじぶ》には、合成樹脂製《ごうせいじゅしせい》の支持《しじ》受《う》けを使《し》用《よう》する。

4　塗装場所《とそうばしょ》の相対湿度《そうたいしつど》が85％以上《いじょう》の場合《ばあい》、原則《げんそく》として、塗装《とそう》を行《おこな》わない。

No.37 「機器又《ききまた》は配管《はいかん》」とその「試験方法《しけんほうほう》」の組合《くみあわ》せのうち、**適当《てきとう》でないもの**はどれか。

	(機器又《ききまた》は配管《はいかん》)	(試験方法《しけんほうほう》)
1	建物内排水管《たてものないはいすいかん》	通水試験《つうすいしけん》
2	敷地排水管《しきちはいすいかん》	通水試験《つうすいしけん》
3	浄化槽《じょうかそう》	満水試験《まんすいしけん》
4	排水《はいすい》ポンプ吐出《はきだ》し管《かん》	満水試験《まんすいしけん》

No.38 渦巻《うずま》きポンプの試運転調整《しうんてんちょうせい》に関《かん》する記述《きじゅつ》のうち、**適当《てきとう》でないもの**はどれか。

1　膨張《ぼうちょう》タンク等《とう》から注水《ちゅうすい》して、機器及《ききおよ》び配管系《はいかんけい》の空気抜《くうきぬ》きを行《おこな》う。

2　吸込《すいこ》み側《がわ》の弁《べん》を全閉《ぜんぺい》から徐々《じょじょ》に開《ひら》いて吐水量《とすいりょう》を調整《ちょうせい》する。

3　グランドパッキン部《ぶ》から一定量《いっていりょう》の水滴《すいてき》の滴下《てきか》があることを確認《かくにん》する。

4　軸受温度《じくうけおんど》が周囲空気温度《しゅういくうきおんど》より過度《かど》に高《たか》くなっていないことを確認《かくにん》する。

解説▶別冊 p.133 ▶▶▶

※問題番号《もんだいばんごう》No.39からNo.48までの10問題《もんだい》のうちから8問題《もんだい》を選択《せんたく》し、解答《かいとう》してください。

No.39 建設業《けんせつぎょう》における安全衛生管理《あんぜんえいせいかんり》に関《かん》する記述《きじゅつ》のうち、「労働安全衛生法《ろうどうあんぜんえいせいほう》」上《じょう》、**誤《あやま》っているもの**はどれか。

1　事業者《じぎょうしゃ》は、常時《じょうじ》5人《にん》以上《いじょう》60人《にん》未満《みまん》の労働者《ろうどうしゃ》を使用《しよう》する事業場《じぎょうじょう》ごとに、安全衛生推進者《あんぜんえいせいすいしんしゃ》を選任《せんにん》しなければならない。

2　事業者《じぎょうしゃ》は、労働者《ろうどうしゃ》を雇《やと》い入《い》れたときは、当該労働者《とうがいろうどうしゃ》に対《たい》し、その従《じゅう》事《じ》する業務《ぎょうむ》に関《かん》する安全又《あんぜんまた》は衛生《えいせい》のための教育《きょういく》を行《おこな》わなければならない。

3　事業者《じぎょうしゃ》は、移動《いどう》はしごを使用《しよう》する場合《ばあい》、はしごの幅《はば》は30cm以上《いじょう》のものでなければ使用《しよう》してはならない。

4　事業者《じぎょうしゃ》は、移動《いどう》はしごを使用《しよう》する場合《ばあい》、すべり止《ど》め装置《そうち》の取付《とりつ》けその他転位《たてんい》を防止《ぼうし》するために必要《ひつよう》な措置《そち》を講《こう》じたものでなければ使用《しよう》してはならない。

No.40 未成年者《みせいねんしゃ》の労働契約《ろうどうけいやく》に関《かん》する記述《きじゅつ》のうち、「労働基準法《ろうどうきじゅんほう》」上《じょう》、**誤《あやま》っているもの**はどれか。

1　親権者又《しんけんしゃまた》は後見人《こうけんにん》は、未成年者《みせいねんしゃ》に代《かわ》って労働契約《ろうどうけいやく》を締結《ていけつ》してはならない。

2　未成年者《みせいねんしゃ》は、独立《どくりつ》して賃金《ちんぎん》を請求《せいきゅう》することができる。

3　親権者又《しんけんしゃまた》は後見人《こうけんにん》は、未成年者《みせいねんしゃ》の同意《どうい》を得《え》れば、未成年者《みせいねんしゃ》の賃金《ちんぎん》を代《かわ》って受《う》け取《と》ることができる。

4　使用者《しようしゃ》は、原則《げんそく》として、満《まん》18才《さい》に満《み》たない者《もの》を午後《ごご》10時《じ》から午前《ごぜん》5時《じ》までの間《あいだ》において使用《しよう》してはならない。

No.41 建築物《けんちくぶつ》に関《かん》する記述《きじゅつ》のうち、「建築基準法《けんちくきじゅんほう》」上《じょう》、**誤《あやま》っているもの**はどれか。

1　最下階《さいかかい》の床《ゆか》は、主要構造部《しゅようこうぞうぶ》である。

2　屋根《やね》は、主要構造部《しゅようこうぞうぶ》である。

3　集会場《しゅうかいじょう》は、特殊建築物《とくしゅけんちくぶつ》である。

4　共同住宅《きょうどうじゅうたく》は、特殊建築物《とくしゅけんちくぶつ》である。

No.42 建築設備《けんちくせつび》に関《かん》する記述《きじゅつ》のうち、「建築基準法《けんちくきじゅんほう》」上《じょう》、**誤《あやま》っているもの**はどれか。

1　排水《はいすい》のための配管設備《はいかんせつび》の末端《まったん》は、公共下水道《こうきょうげすいどう》、都市下水路《としげすいろ》その他《た》の排水施設《はいすいしせつ》に排水上有効《はいすいじょうゆうこう》に連結《れんけつ》しなければならない。

2　排水管《はいすいかん》を構造耐力上主要《こうぞうたいりょくじょうしゅよう》な部分《ぶぶん》を貫通《かんつう》して配管《はいかん》する場合《ばあい》、建築物《けんちくぶつ》の構造耐力上支障《こうぞうたいりょくじょうししょう》を生《しょう》じないようにしなければならない。

3　給水管《きゅうすいかん》をコンクリートに埋設《まいせつ》する場合《ばあい》、腐食《ふしょく》するおそれのある部分《ぶぶん》には、その材質《ざいしつ》に応《おう》じ有効《ゆうこう》な腐食防止《ふしょくぼうし》のための措置《そち》を講《こう》じなければならない。

4　雨水排水立《うすいはいすいた》て管《かん》は、通気管《つうきかん》と兼用《けんよう》し、又《また》は通気管《つうきかん》に連結《れんけつ》することができる。

No.43 建設業《けんせつぎょう》の許可《きょか》を受《う》けた建設業者《けんせつぎょうしゃ》が、発注者《はっちゅうしゃ》から直接請《ちょくせつう》け負《お》った建設工事《けんせつこうじ》の現場《げんば》に掲《かか》げる標識《ひょうしき》の記載事項《きさいじこう》として、「建設業法《けんせつぎょうほう》」上《じょう》、**定《さだ》められていないもの**はどれか。

1　商号又《しょうごうまた》は名称《めいしょう》

2　現場代理人《げんばだいりにん》の氏名《しめい》

3　主任技術者又《しゅにんぎじゅつしゃまた》は監理技術者《かんりぎじゅつしゃ》の氏名《しめい》

4　一般建設業又《いっぱんけんせつぎょうまた》は特定建設業《とくていけんせつぎょう》の別《べつ》

解説▶別冊 p.136 ▶▶▶

No.44 建設業《けんせつぎょう》に関《かん》する記述《きじゅつ》のうち、「建設業法《けんせつぎょうほう》」上《じょう》、**誤《あやま》っているもの**はどれか。

1 元請負人《もとうけおいにん》は、その請《う》け負《お》った建設工事《けんせつこうじ》を施工《せこう》するために必要《ひつよう》な工程《こうてい》の細目《さいもく》、作業方法《さぎょうほうほう》を定《さだ》めようとするときは、あらかじめ、下請負人《したうけおいにん》の意見《いけん》をきかなければならない。

2 建設業者《けんせつぎょうしゃ》は、建設工事《けんせつこうじ》の注文者《ちゅうもんしゃ》から請求《せいきゅう》があったときは、請負契約《うけおいけいやく》の成立後《せいりつご》、速《すみ》やかに建設工事《けんせつこうじ》の見積書《みつもりしょ》を交付《こうふ》しなければならない。

3 工事現場《こうじげんば》における建設工事《けんせつこうじ》の施工《せこう》に従事《じゅうじ》する者《もの》は、主任技術者又《しゅにんぎじゅつしゃまた》は監理技術者《かんりぎじゅつしゃ》がその職務《しょくむ》として行《おこな》う指導《しどう》に従《したが》わなければならない。

4 建設業者《けんせつぎょうしゃ》は、共同住宅《きょうどうじゅうたく》を新築《しんちく》する建設工事《けんせつこうじ》を請《う》け負《お》った場合《ばあい》、いかなる方法《ほうほう》をもってするかを問《と》わず、一括《いっかつ》して他人《たにん》に請《う》け負《お》わせてはならない。

No.45 屋内消火栓設備《おくないしょうかせんせつび》を設置《せっち》しなければならない防火対象物《ぼうかたいしょうぶつ》に、「消《しょう》防法《ぼうほう》」上《じょう》、**該当《がいとう》するもの**はどれか。
ただし、主要構造部《しゅようこうぞうぶ》は耐火構造《たいかこうぞう》とし、かつ、壁及《かべおよ》び天井《てんじょう》の室内《しつない》に面《めん》する部分《ぶぶん》の仕上《しあ》げは難燃材料《なんねんざいりょう》でした防火対象物《ぼうかたいしょうぶつ》とする。また、地階《ちかい》、無窓階及《むそうかいおよ》び指定可燃物《していかねんぶつ》の貯蔵《ちょぞう》、取扱《とりあつか》いはないものとする。

1 事務所《じむしょ》 ―――― 地上《ちじょう》3階《かい》、延《の》べ面積《めんせき》2,000m^2
2 共同住宅《きょうどうじゅうたく》 ―――― 地上《ちじょう》3階《かい》、延《の》べ面積《めんせき》2,000m^2
3 集会場《しゅうかいじょう》 ―――― 地上《ちじょう》2階《かい》、延《の》べ面積《めんせき》2,000m^2
4 学校《がっこう》 ―――― 地上《ちじょう》2階《かい》、延《の》べ面積《めんせき》2,000m^2

No.46 次《つぎ》の建設資材《けんせつしざい》のうち、「建設工事《けんせつこうじ》に係《かか》る資材《しざい》の再資源化等《さいしげんかとう》に関《かん》する法律《ほうりつ》」上《じょう》、再資源化《さいしげんか》が特《とく》に必要《ひつよう》とされる特定建設資材《とくていけんせつしざい》に**該《がい》当《とう》しないもの**はどれか。

1 木材《もくざい》

2 アスファルト・コンクリート

3 コンクリート

4 アルミニウム

No.47 次《つぎ》の「測定項目《そくていこうもく》」と「法律《ほうりつ》」の組合《くみあわ》せのうち、その法律《ほうりつ》に当該《とうがい》測定項目《そくていこうもく》の規制値《きせいち》が**定《さだ》められていないもの**はどれか。

（測定項目《そくていこうもく》）　（法律《ほうりつ》）

1　騒音値《そうおんち》――建築物《けんちくぶつ》における衛生的環境《えいせいてきかんきょう》の確保《かくほ》に関《かん》する法律《ほうりつ》

2　水素《すいそ》イオン濃度《のうど》――水質汚濁防止法《すいしつおだくぼうしほう》

3　生物化学的酸素要求量《せいぶつかがくてきさんそようきゅうりょう》――浄化槽法《じょうかそうほう》

4　いおう酸化物《さんかぶつ》の量《りょう》――大気汚染防止法《たいきおせんぼうしほう》

No.48 廃棄物《はいきぶつ》の処理《しょり》に関《かん》する記述《きじゅつ》のうち、「廃棄物《はいきぶつ》の処理及《しょりおよ》び清掃《せいそう》に関《かん》する法律《ほうりつ》」上《じょう》、**誤《あやま》っているもの**はどれか。

1　建設工事《けんせつこうじ》の現場事務所《げんばじむしょ》から排出《はいしゅつ》される生《なま》ゴミ、新聞《しんぶん》、雑誌等《ざっしとう》は、産《さん》業廃棄物《ぎょうはいきぶつ》として処理《しょり》しなければならない。

2　一般廃棄物《いっぱんはいきぶつ》の処理《しょり》は市町村《しちょうそん》が行《おこな》い、産業廃棄物《さんぎょうはいきぶつ》の処理《しょり》は事業者《じぎょうしゃ》が自《みずか》ら行《おこな》わなければならない。

3　事業者《じぎょうしゃ》は、処分受託者《しょぶんじゅたくしゃ》から、最終処分《さいしゅうしょぶん》が終了《しゅうりょう》した旨《むね》を記載《きさい》した産業《さんぎょう》廃棄物管理票《はいきぶつかんりひょう》の写《うつ》しの送付《そうふ》を受《う》けたときは、当該管理票《とうがいかんりひょう》の写《うつ》しを、送《そう》付《ふ》を受《う》けた日《ひ》から5年間保存《ねんかんほぞん》しなければならない。

4　建築物《けんちくぶつ》の改築《かいちく》に伴《ともな》い廃棄《はいき》する蛍光灯《けいこうとう》の安定器《あんていき》にポリ塩化《えんか》ビフェニルが含《ふく》まれている場合《ばあい》、特別管理産業廃棄物《とくべつかんりさんぎょうはいきぶつ》として処理《しょり》しなければならない。

解説▶別冊 p.137 ▶▶▶

※問題番号《もんだいばんごう》No.49からNo.52までの問題《もんだい》の正解《せいかい》は、1問《もん》について二《ふた》つです。
当該問題番号《とうがいもんだいばんごう》の解答記入欄《かいとうきにゅうらん》の正解《せいかい》と思《おも》う数字《すうじ》を二《ふた》つぬりつぶしてください。
1問《もん》について、一《ひと》つだけぬりつぶしたものや、三《みっ》つ以上《いじょう》ぬりつぶしたものは、正解《せいかい》となりません。

※問題番号《もんだいばんごう》No.49からNo.52までの4問題《もんだい》は必須問題《ひっすもんだい》です。全問題《ぜんもんだい》を解答《かいとう》してください。

No.49 工程表《こうていひょう》に関《かん》する記述《きじゅつ》のうち、**適当《てきとう》でないもの**はどれか。
適当《てきとう》でないものは二《ふた》つあるので、二《ふた》つとも答《こた》えなさい。

1　ネットワーク工程表《こうていひょう》は、各作業《かくさぎょう》の現時点《げんじてん》における進行状態《しんこうじょうたい》が達成度《たっせいど》により把握《はあく》できる。

2　バーチャート工程表《こうていひょう》は、ネットワーク工程表《こうていひょう》に比《くら》べて、各作業《かくさぎょう》の遅《おく》れへの対策《たいさく》が立《た》てにくい。

3　毎日《まいにち》の予定出来高《よていできだか》が一定《いってい》の場合《ばあい》、バーチャート工程表上《こうていひょうじょう》の予定進度《よていしんど》曲線《きょくせん》はS字形《じがた》となる。

4　ガントチャート工程表《こうていひょう》は、各作業《かくさぎょう》の変更《へんこう》が他《た》の作業《さぎょう》に及《およ》ぼす影響《えいきょう》が不明《ふめい》という欠点《けってん》がある。

No.50 機器《きき》の据付《すえつ》けに関《かん》する記述《きじゅつ》のうち、**適当《てきとう》でないもの**はどれか。
適当《てきとう》でないものは二《ふた》つあるので、二《ふた》つとも答《こた》えなさい。

1　遠心送風機《えんしんそうふうき》の据付《すえつ》け時《じ》の調整《ちょうせい》において、Vベルトの張《は》りが強《つよ》すぎると、軸受《じくうけ》の過熱《かねつ》の原因《げんいん》になる。

2　呼《よ》び番号《ばんごう》3の天吊《てんつ》りの遠心送風機《えんしんそうふうき》は、形鋼製《かたこうせい》の架台上《かだいじょう》に据《す》え付《つ》け、架台《かだい》はスラブから吊《つ》りボルトで吊《つ》る。

3　冷却塔《れいきゃくとう》は、補給水口《ほきゅうすいこう》の高《たか》さが補給水《ほきゅうすい》タンクの低水位《ていすいい》から2m以内《いない》となるように据《す》え付《つ》ける。

4　埋込式《うめこみしき》アンカーボルトの中心《ちゅうしん》とコンクリート基礎《きそ》の端部《たんぶ》の間隔《かんかく》は、

一般的《いっぱんてき》に、150mm以上《いじょう》を目安《めやす》としてよい。

No.51 配管及《はいかんおよ》び配管附属品《はいかんふぞくひん》の施工《せこう》に関《かん》する記述《きじゅつ》のうち、**適当《てきとう》でないもの**はどれか。

適当《てきとう》でないものは二《ふた》つあるので、二《ふた》つとも答《こた》えなさい。

1　給湯用《きゅうとうよう》の横引《よこび》き配管《はいかん》には、勾配《こうばい》を設《もう》け、管内《かんない》に発生《はっせい》した気泡《きほう》を排出《はいしゅつ》する。

2　土中埋設《どちゅうまいせつ》の汚水排水管《おすいはいすいかん》に雨水管《うすいかん》を接続《せつぞく》する場合《ばあい》は、ドロップ桝《ます》を介《かい》して接続《せつぞく》する。

3　銅管《どうかん》を鋼製金物《こうせいかなもの》で支持《しじ》する場合《ばあい》は、ゴム等《とう》の絶縁材《ぜつえんざい》を介《かい》して支持《しじ》する。

4　揚水管《ようすいかん》のウォーターハンマーを防止《ぼうし》するためには、ポンプ吐出側《としゅつがわ》に防振継手《ぼうしんつぎて》を設《もう》ける。

No.52 ダクト及《およ》びダクト附属品《ふぞくひん》の施工《せこう》に関《かん》する記述《きじゅつ》のうち、**適当《てきとう》でないもの**はどれか。

適当《てきとう》でないものは二《ふた》つあるので、二《ふた》つとも答《こた》えなさい。

1　厨房排気《ちゅうぼうはいき》ダクトの防火《ぼうか》ダンパーでは、温度《おんど》ヒューズの作動温度《さどうおんど》は72℃とする。

2　ダクトからの振動伝播《しんどうでんぱ》を防《ふせ》ぐ必要《ひつよう》がある場合《ばあい》は、ダクトの吊《つ》りは防《ぼう》振《しん》吊《づ》りとする。

3　長方形《ちょうほうけい》ダクトの断面《だんめん》のアスペクト比《ひ》（長辺《ちょうへん》と短辺《たんぺん》の比《ひ》）は、原則《げんそく》として、4以下《いか》とする。

4　アングルフランジ工法《こうほう》ダクトのフランジは、ダクト本体《ほんたい》を成型加工《せいけいかこう》したものである。

解説▶別冊 p.139 ▶▶▶

MEMO

2級管工事施工管理技術検定試験

令和5年度

第二次検定

■選択問題《せんたくもんだい》は、指定数《していすう》を超《こ》えて解答《かいとう》した場合《ばあい》、減点《げんてん》となります。

・問題《もんだい》1は必須問題《ひっすもんだい》です。必《かなら》ず解答《かいとう》してください。

・問題《もんだい》2と問題《もんだい》3の2問題《もんだい》のうちから1問題《もんだい》を選択《せんたく》し、解答《かいとう》してください。

・問題《もんだい》4と問題《もんだい》5の2問題《もんだい》のうちから1問題《もんだい》を選択《せんたく》し、解答《かいとう》してください。

・問題《もんだい》6は必須問題《ひっすもんだい》です。必《かなら》ず解答《かいとう》してください。

◆第二次検定結果データ◆

受検者数	—
合格者数	—
合格率	—

合格基準	—

※本書編集時点で未公表。

別冊p.180～183に解答用紙がありますので，コピーしてお使いください。

令和5年度

2級 管工事施工管理技術検定

第二次検定問題

問題《もんだい》1は必須問題《ひっすもんだい》です。必《かなら》ず解答《かいとう》してください。解答《かいとう》は**解答用紙《かいとうようし》**に記《き》述《じゅつ》してください。

問題 1 次《つぎ》の設問《せつもん》1及《およ》び設問《せつもん》2の答《こた》えを解答欄《かいとうらん》に記述《きじゅつ》しなさい。

〔設問《せつもん》1〕 次《つぎ》の1～5の記述《きじゅつ》について、**適当《てきとう》な場合《ばあい》には○**を、**適当《てきとう》でない場合《ばあい》には×**を記入《きにゅう》しなさい。

1 低圧《ていあつ》ダクトに用《もち》いるコーナーボルト工法《こうほう》ダクトの板厚《いたあつ》は、アングルフランジ工法《こうほう》ダクトの板厚《いたあつ》と同《おな》じとしてよい。

2 フレキシブルジョイントは、温水配管《おんすいはいかん》の熱収縮《ねつしゅうしゅく》を吸収《きゅうしゅう》するために使《し》用《よう》する。

3 洗面器《せんめんき》を軽量鉄骨《けいりょうてっこつ》ボード壁《かべ》に取《と》り付《つ》ける場合《ばあい》は、ボードに直接《ちょくせつ》バックハンガーを取《と》り付《つ》ける。

4 送風機《そうふうき》の接続《せつぞく》ダクトに風量測定口《ふうりょうそくていこう》を設《もう》ける場合《ばあい》は、送風機《そうふうき》の吐出《はきだ》し口《ぐち》の直後《ちょくご》に取《と》り付《つ》ける。

5 排水用硬質塩化《はいすいようこうしつえんか》ビニルライニング鋼管《こうかん》の接続《せつぞく》には、排水鋼管用可《はいすいこうかんようか》とう継手《つぎて》（MDジョイント）を使用《しよう》する。

令和5年度 第二次検定

〔設問《せつもん》2〕　6～9に示《しめ》す図《ず》について、**適切《てきせつ》でない部分《ぶぶん》の理由又《りゆうまた》は改善策《かいぜんさく》**を具体的《ぐたいてき》かつ簡潔《かんけつ》に記述《きじゅつ》しなさい。

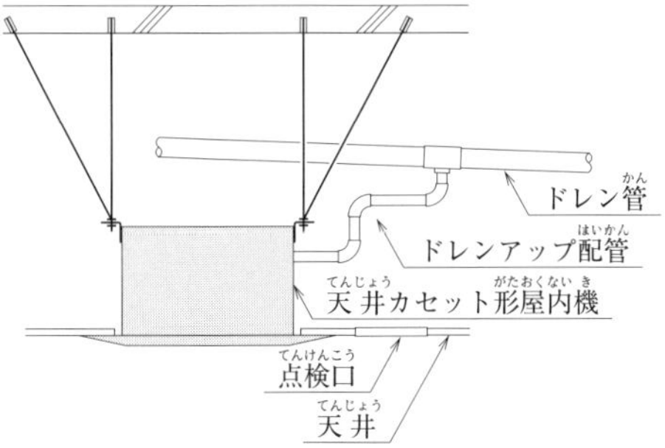

6 屋内機《おくないき》ドレン配管要領図《はいかんようりょうず》
(吊《つ》りに関《かん》する部分《ぶぶん》は除《のぞ》く。)

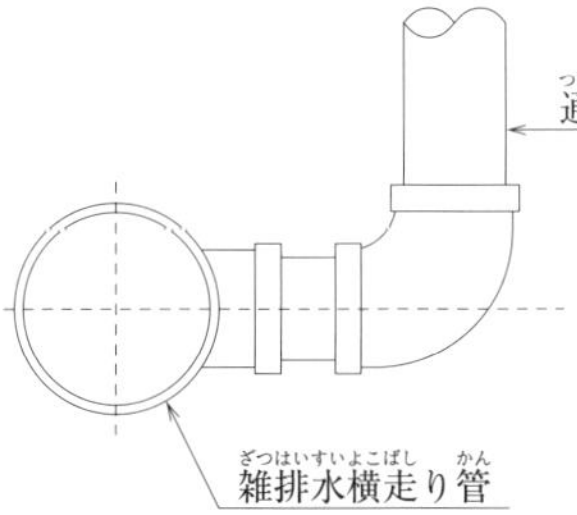

7 通気管取《つうきかんと》り出《だ》し要領図《ようりょうず》

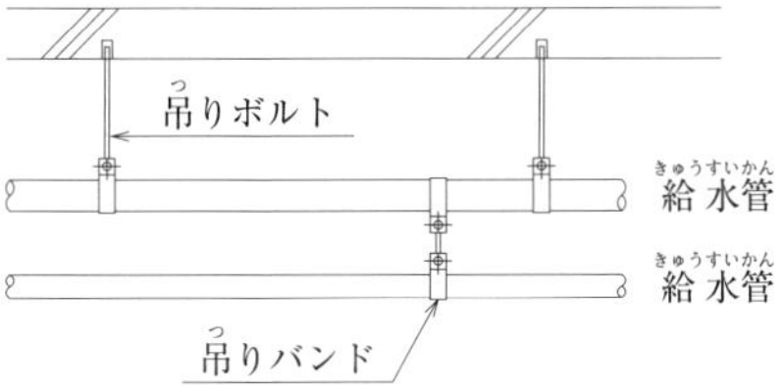

8 配管吊《はいかんつ》り要領図《ようりょうず》

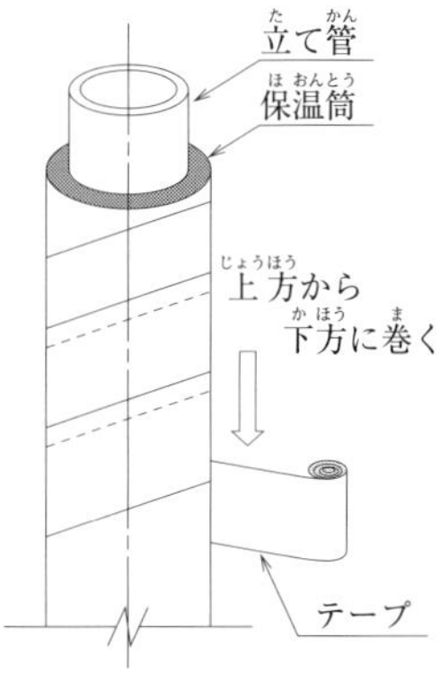

9 保温外装施工要領図《ほおんがいそうせこうようりょうず》

問題《もんだい》2と問題《もんだい》3の2問題《もんだい》のうちから1問題《もんだい》を選択《せんたく》し、解答《かいとう》は**解答用紙《かいとうようし》**に記述《きじゅつ》してください。
選択《せんたく》した問題《もんだい》は、解答用紙《かいとうようし》の**選択欄《せんたくらん》に○印《じるし》**を記入《きにゅう》してください。

問題 2

空冷《くうれい》ヒートポンプ式《しき》パッケージ形空気調和機《がたくうきちょうわき》（天井《てんじょう》カセット形《がた》、冷房能力《れいぼうのうりょく》8.0kW）と全熱交換《ぜんねつこうかん》ユニット（天井《てんじょう》カセット形《がた》、定格風量《ていかくふうりょう》150m³/h）を事務室《じむしつ》に設置《せっち》する場合《ばあい》、次《つぎ》の**1～4に関《かん》する留意事項《りゅういじこう》**を、それぞれ解答欄《かいとうらん》の1～4に具体的《ぐたいてき》かつ簡潔《かんけつ》に記述《きじゅつ》しなさい。
ただし、工程管理及《こうていかんりおよ》び安全管理《あんぜんかんり》に関《かん》する事項《じこう》は除《のぞ》く。

1 冷媒管《れいばいかん》（断熱材被覆銅管《だんねつざいひふくどうかん》）の吊《つ》りに関《かん》する留意事項《りゅういじこう》
2 配管完了後《はいかんかんりょうご》の冷媒管又《れいばいかんまた》はドレン管の試験《しけん》に関《かん》する留意事項《りゅういじこう》
3 給排気《きゅうはいき》ダクト（全熱交換《ぜんねつこうかん》ユニット用《よう》）の施工《せこう》に関《かん》する留意事項《りゅういじこう》
4 給排気口《きゅうはいきこう》（全熱交換《ぜんねつこうかん》ユニット用《よう》）を外壁面《がいへきめん》に取《と》り付《つ》ける場合《ばあい》の留意《りゅうい》事項《じこう》

問題 3

事務所《じむしょ》の2階便所《かいべんじょ》の排水管《はいすいかん》を硬質《こうしつ》ポリ塩化《えんか》ビニル管《かん》（接着接《せっちゃくせつ》合《ごう》）にて施工《せこう》する場合《ばあい》、次《つぎ》の**1～4に関《かん》する留意事項《りゅういじこう》**を、それぞれ解答欄《かいとうらん》の1～4に具体的《ぐたいてき》かつ簡潔《かんけつ》に記述《きじゅつ》しなさい。
ただし、工程管理及《こうていかんりおよ》び安全管理《あんぜんかんり》に関《かん》する事項《じこう》は除《のぞ》く。

1 管《かん》の切断又《せつだんまた》は切断面《せつだんめん》の処理《しょり》に関《かん》する留意事項《りゅういじこう》
2 管《かん》の接合《せつごう》に関《かん》する留意事項《りゅういじこう》
3 横走《よこばし》り配管《はいかん》の勾配又《こうばいまた》は吊《つ》りに関《かん》する留意事項《りゅういじこう》
4 配管完了後《はいかんかんりょうご》の試験《しけん》に関《かん》する留意事項《りゅういじこう》

令和5年度 第二次検定

問題《もんだい》４と問題《もんだい》５の２問題《もんだい》のうちから１問題《もんだい》を選択《せんたく》し、解答《かいとう》は**解答用紙《かいとうようし》**に記述《きじゅつ》してください。
選択《せんたく》した問題《もんだい》は、解答用紙《かいとうようし》の**選択欄《せんたくらん》に**○**印《じるし》**を記入《きにゅう》してください。

問題４

２階建《かいだ》て事務所《じむしょ》ビルの新築工事《しんちくこうじ》において、空気調和設備工事《くうきちょうわせつびこうじ》の作業《さぎょう》が下記《かき》の表及《ひょうおよ》び施工条件《せこうじょうけん》のとき、次《つぎ》の設問《せつもん》１及《およ》び設問《せつもん》２の答《こた》えを解答欄《かいとうらん》に記述《きじゅつ》しなさい。

作業名《さぎょうめい》	1階部分《かいぶぶん》		2階部分《かいぶぶん》	
	作業日数《さぎょうにっすう》	工事比率《こうじひりつ》	作業日数《さぎょうにっすう》	工事比率《こうじひりつ》
準備《じゅんび》・墨出《すみだ》し	1日《にち》	2%	1日《にち》	2%
水圧試験《すいあつしけん》	2日《にち》	2%	2日《にち》	2%
試運転調整《しうんてんちょうせい》	2日《にち》	6%	2日《にち》	6%
保温《ほおん》	3日《にち》	9%	3日《にち》	9%
機器設置《ききせっち》	2日《にち》	13%	2日《にち》	13%
配管《はいかん》	5日《にち》	18%	5日《にち》	18%

（注《ちゅう》）表中《ひょうちゅう》の作業名《さぎょうめい》の記載順序《きさいじゅんじょ》は、作業《さぎょう》の実施順序《じっしじゅんじょ》を示《しめ》すものではない。

〔施工条件《せこうじょうけん》〕

① １階部分《かいぶぶん》の準備《じゅんび》・墨出《すみだ》しの作業《さぎょう》は、工事《こうじ》の初日《しょにち》に開始《かいし》する。
② 機器設置《ききせっち》の作業《さぎょう》は、配管《はいかん》の作業《さぎょう》に先行《せんこう》して行《おこな》うものとする。
③ 各作業《かくさぎょう》は、同一《どういつ》の階部分《かいぶぶん》では、相互《そうご》に並行作業《へいこうさぎょう》しないものとする。
④ 同一《どういつ》の作業《さぎょう》は、１階部分《かいぶぶん》の作業《さぎょう》が完了後《かんりょうご》、２階部分《かいぶぶん》の作業《さぎょう》に着手《ちゃくしゅ》するものとする。
⑤ 保温施工後《ほおんせこうご》に２日間天井貼《にちかんてんじょうは》り作業《さぎょう》があり、その間《かん》、同一《どういつ》の階部分《かいぶぶん》では設備工事《せつびこうじ》を行《おこな》わないものとする。
⑥ 各作業《かくさぎょう》は、最早《さいそう》で完了《かんりょう》させるものとする。
⑦ 土曜日《どようび》、日曜日《にちようび》は、現場《げんば》での作業《さぎょう》を行《おこな》わないものとする。

解説▶別冊 p.144 ▶▶▶

〔設問《せつもん》1〕　バーチャート工程表《こうていひょう》を作成《さくせい》し、次《つぎ》の１及《およ》び２に答《こた》えなさい。
ただし、各作業《かくさぎょう》の出来高《できだか》は、作業日数内《さぎょうにっすうない》において均等《きんとう》とする。
（バーチャート工程表《こうていひょう》の作成《さくせい》は、採点対象外《さいてんたいしょうがい》です。）

1　工事全体《こうじぜんたい》の工期《こうき》は何日《なんにち》になるか答《こた》えなさい。

2　①　累積出来高《るいせきできだか》が80%を超《こ》えるのは工事開始後《こうじかいしご》何日目《なんにちめ》になるか答《こた》えなさい。

②　その日《ひ》に2階《かい》で行《おこな》われている作業《さぎょう》の作業名《さぎょうめい》を答《こた》えなさい。

〔設問《せつもん》2〕　工期短縮《こうきたんしゅく》のため、配管及《はいかんおよ》び保温《ほおん》の各作業《かくさぎょう》について１階部分《かいぶぶん》と２階部分《かいぶぶん》は、別々《べつべつ》の班《はん》で下記《かき》の条件《じょうけん》で並行作業《へいこうさぎょう》を行《おこな》うこととした。
バーチャート工程表《こうていひょう》を作成《さくせい》し、次《つぎ》の３及《およ》び４に答《こた》えなさい。
（バーチャート工程表《こうていひょう》の作成《さくせい》は、採点対象外《さいてんたいしょうがい》です。）

（条件《じょうけん》）配管及《はいかんおよ》び保温《ほおん》の各作業《かくさぎょう》は、１階部分《かいぶぶん》と２階部分《かいぶぶん》の作業《さぎょう》を同《おな》じ日《ひ》に並行作業《へいこうさぎょう》することができるものとし、それ以外《いがい》は、当初《とうしょ》の作業日《さぎょうにっ》数《すう》、工事比率《こうじひりつ》、施工条件《せこうじょうけん》から変更《へんこう》がないものとする。

3　工事全体《こうじぜんたい》の工期《こうき》は何日《なんにち》になるか答《こた》えなさい。

4　工事開始後《こうじかいしご》17日目《にちめ》の作業終了時点《さぎょうしゅうりょうじてん》での累積出来高《るいせきできだか》を答《こた》えなさい。

令和5年度 第二次検定

〔設問《せつもん》１〕 作業用《さぎょうよう》

階《かい》数《すう》	作《さ》業《ぎょう》名《めい》	工事《こうじ》比率《ひりつ》	月《げつ》	火《か》	水《すい》	木《もく》	金《きん》	土《ど》	日《にち》	月《げつ》	火《か》	水《すい》	木《もく》	金《きん》	土《ど》	日《にち》	月《げつ》	火《か》	水《すい》	木《もく》	金《きん》	土《ど》	日《にち》	月《げつ》	火《か》	水《すい》	木《もく》	金《きん》	土《ど》	日《にち》	月《げつ》	火《か》	水《すい》	累積《るいせき》比率《ひりつ》
		(%)	1	2	3	4	5	6	7	8	9	10	11	12	13	14	15	16	17	18	19	20	21	22	23	24	25	26	27	28	29	30	31	(%)
	準備《じゅんび》・墨出《すみだ》し																																		
																																			100
1階《かい》																																			90
																																			80
																																			70
																																			60
																																			50
																																			40
2階《かい》																																			30
																																			20
																																			10
																																			0

〔設問《せつもん》２〕 作業用《さぎょうよう》

階《かい》数《すう》	作《さ》業《ぎょう》名《めい》	工事《こうじ》比率《ひりつ》	月《げつ》	火《か》	水《すい》	木《もく》	金《きん》	土《ど》	日《にち》	月《げつ》	火《か》	水《すい》	木《もく》	金《きん》	土《ど》	日《にち》	月《げつ》	火《か》	水《すい》	木《もく》	金《きん》	土《ど》	日《にち》	月《げつ》	火《か》	水《すい》	木《もく》	金《きん》	土《ど》	日《にち》	月《げつ》	火《か》	水《すい》	累積《るいせき》比率《ひりつ》
		(%)	1	2	3	4	5	6	7	8	9	10	11	12	13	14	15	16	17	18	19	20	21	22	23	24	25	26	27	28	29	30	31	(%)
	準備《じゅんび》・墨出《すみだ》し																																		
																																			100
1階《かい》																																			90
																																			80
																																			70
																																			60
																																			50
																																			40
2階《かい》																																			30
																																			20
																																			10
																																			0

解説▶別冊 p.147 ▶▶▶

問題 5

次《つぎ》の設問《せつもん》1及《およ》び設問《せつもん》2の答《こた》えを解答欄《かいとうらん》に記述《きじゅつ》しなさい。

〔設問《せつもん》1〕 建設工事現場《けんせつこうじげんば》における、労働安全衛生《ろうどうあんぜんえいせい》に関《かん》する文中《ぶんちゅう》、[A]～[D]に当《あ》てはまる「労働安全衛生法《ろうどうあんぜんえいせいほう》」上《じょう》に**定《さだ》められている語句又《ごくまた》は数値《すうち》**を選択欄《せんたくらん》から選択《せんたく》して記入《きにゅう》しなさい。

1 事業者《じぎょうしゃ》は、作業場《さぎょうじょう》に通《つう》ずる場所及《ばしょおよ》び作業場内《さぎょうじょうない》には、労働者《ろうどうしゃ》が使用《しよう》するための安全《あんぜん》な[A]を設《もう》け、かつ、これを常時有効《じょうじゆうこう》に[B]しなければならない。

2 事業者《じぎょうしゃ》は、架設通路《かせつつうろ》については、階段《かいだん》を設《もう》けたもの又《また》は高《たか》さが[C]m未満《みまん》で丈夫《じょうぶ》な手掛《てがかり》を設《もう》けたものを除《のぞ》き、勾配《こうばい》は、[D]度《ど》以下《いか》としたものでなければ使用《しよう》してはならない。

選択欄《せんたくらん》

2、3、5、30、45、60、階段《かいだん》、空間《くうかん》、保持《ほじ》、変更《へんこう》、開放《かいほう》、通路《つうろ》

〔設問《せつもん》2〕 建設工事現場《けんせつこうじげんば》における、労働安全衛生《ろうどうあんぜんえいせい》に関《かん》する文中《ぶんちゅう》、[E]に当《あ》てはまる「労働安全衛生法《ろうどうあんぜんえいせいほう》」上《じょう》に**定《さだ》められている語句《ごく》**を記述《きじゅつ》しなさい。

3 事業者《じぎょうしゃ》は、ボール盤《ばん》、面取《めんと》り盤等《ばんとう》の回転《かいてん》する刃物《はもの》に作業中《さぎょうちゅう》の労働者《ろうどうしゃ》の手《て》が巻《ま》き込《こ》まれるおそれのあるときは、当該労働者《とうがいろうどうしゃ》に[E]を使《し》用《よう》させてはならない。

令和5年度 第二次検定

問題《もんだい》6は必須問題《ひっすもんだい》です。必《かなら》ず解答《かいとう》してください。解答《かいとう》は**解答用紙《かいとうようし》**に記《き》述《じゅつ》してください。

問題 6 あなたが経験《けいけん》した**管工事《かんこうじ》**のうちから、**代表的《だいひょうてき》な工事《こうじ》を１つ選《えら》び、**次《つぎ》の設問《せつもん》１～設問《せつもん》３の答《こた》えを解答欄《かいとうらん》に記述《きじゅつ》しなさい。

〔設問《せつもん》1〕その工事《こうじ》につき、次《つぎ》の事項《じこう》について記述《きじゅつ》しなさい。

1 工事名《こうじめい》〔例《れい》:◎◎ビル（◇◇邸《てい》）□□設備工事《せつびこうじ》〕

2 工事場所《こうじばしょ》〔例《れい》:◎◎県《けん》◇◇市《し》〕

3 設備工事概要《せつびこうじがいよう》〔例《れい》:工事種目《こうじしゅもく》、工事内容《こうじないよう》、主要機器《しゅようきき》の能力《のうりょく》・台数等《だいすうとう》〕

4 現場《げんば》でのあなたの立場又《たちばまた》は役割《やくわり》

〔設問《せつもん》2〕上記工事《じょうきこうじ》を施工《せこう》するにあたり「**品質管理《ひんしつかんり》**」上《じょう》、あなたが**特《とく》に重《じゅう》要《よう》と考《かんが》えた事項《じこう》**を解答欄《かいとうらん》の１に記述《きじゅつ》しなさい。

また、それについてとった**措置又《そちまた》は対策《たいさく》**を解答欄《かいとうらん》の２に簡潔《かんけつ》に記述《きじゅつ》しなさい。

〔設問《せつもん》3〕上記工事《じょうきこうじ》を施工《せこう》するにあたり「**安全管理《あんぜんかんり》**」上《じょう》、あなたが**特《とく》に重《じゅう》要《よう》と考《かんが》えた事項《じこう》**を解答欄《かいとうらん》の１に記述《きじゅつ》しなさい。

また、それについて**とった措置又《そちまた》は対策《たいさく》**を解答欄《かいとうらん》の２に簡潔《かんけつ》に記述《きじゅつ》しなさい。

解説▶別冊 p.152 ▶▶▶

MEMO

2級管工事施工管理技術検定試験

令和4年度

第二次検定

■選択問題《せんたくもんだい》は、指定数《していすう》を超《こ》えて解答《かいとう》した場合《ばあい》、減点《げんてん》となります。

・問題《もんだい》１は必須《ひっす》問題《もんだい》です。必《かなら》ず解答《かいとう》してください。

・問題《もんだい》２と問題《もんだい》３の２問題《もんだい》のうちから１問題《もんだい》を選択《せんたく》し、解答《かいとう》してください。

・問題《もんだい》４と問題《もんだい》５の２問題《もんだい》のうちから１問題《もんだい》を選択《せんたく》し、解答《かいとう》してください。

・問題《もんだい》６は必須《ひっす》問題《もんだい》です。必《かなら》ず解答《かいとう》してください。

◆第二次検定結果データ◆

受検者数	8,316人
合格者数	4,962人
合格率	59.7%

合格基準	得点が60%以上

※受検者数は、第一次検定及び第二次検定同日受検者のうち第一次検定合格者と第二次検定のみ試験受検者の合計、合格率も同様の数値を元に算出(令和３年度より公表される数値が変更)。

別冊p.184～187に解答用紙がありますので，コピーしてお使いください。

令和4年度

2級 管工事施工管理技術検定

第二次検定問題

問題《もんだい》1は必須問題《ひっすもんだい》です。必《かなら》ず解答《かいとう》してください。解答《かいとう》は**解答用紙《かいとうようし》**に記《き》述《じゅつ》してください。

問題 1 次《つぎ》の設問《せつもん》1～設問《せつもん》3の答《こた》えを解答欄《かいとうらん》に記述《きじゅつ》しなさい。

〔設問《せつもん》1〕 次《つぎ》の1～5の記述《きじゅつ》について、**適当《てきとう》な場合《ばあい》には○を、適当《てきとう》でない場合《ばあい》には×**を記入《きにゅう》しなさい。

1 自立機器《じりつきき》で縦横比《じゅうおうひ》の大《おお》きいパッケージ形空気調和機《がたくうきちょうわき》や制御盤等《せいぎょばんとう》への頂部支持材《ちょうぶしじざい》の取付《とりつ》けは、原則《げんそく》として、2箇所以上《かしょいじょう》とする。

2 汚水槽《おすいそう》の通気管《つうきかん》は、その他《た》の排水系統《はいすいけいとう》の通気立《つうきた》て管《かん》を介《かい》して大気《たいき》に開放《かいほう》する。

3 パイプカッターは、管径《かんけい》が小《ちい》さい銅管《どうかん》やステンレス鋼管《こうかん》の切断《せつだん》に使《し》用《よう》される。

4 送風機《そうふうき》とダクトを接続《せつぞく》するたわみ継手《つぎて》の両端《りょうたん》のフランジ間隔《かんかく》は、50mm以下《いか》とする。

5 長方形《ちょうほうけい》ダクトのかどの継目《つぎめ》（はぜ）は、ダクトの強度《きょうど》を保《たも》つため、原則《げんそく》として、2箇所以上《かしょいじょう》とする。

〔設問《せつもん》2〕 6及《およ》び7に示《しめ》す図《ず》について、**適切《てきせつ》でない部分《ぶぶん》の理由《りゆう》又《また》は改善策《かいぜんさく》**を記述《きじゅつ》しなさい。

〔設問《せつもん》3〕　8に示《しめ》す図《ず》について、**適切《てきせつ》でない部分《ぶぶん》の理由《りゆう》又《また》は改善策《かいぜんさく》**を、①**に給水設備《きゅうすいせつび》**について、②**に排水《はいすい》・通気設備《つうきせつび》**について、それぞれ記述《きじゅつ》しなさい。ただし、配管口径《はいかんこうけい》に関《かん》するものは除《のぞ》く。

6　送風機《そうふうき》回《まわ》りダンパー取付《とりつ》け要領図《ようりょうず》

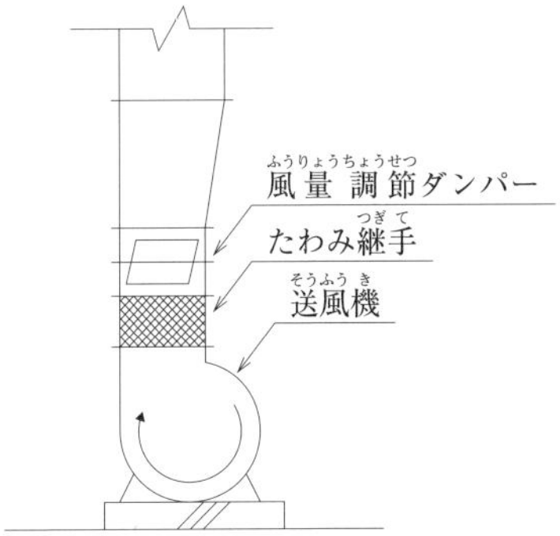

7　パッケージ形空気調和機屋外機《がたくうきちょうわきおくがいき》設置要領図《せっちようりょうず》

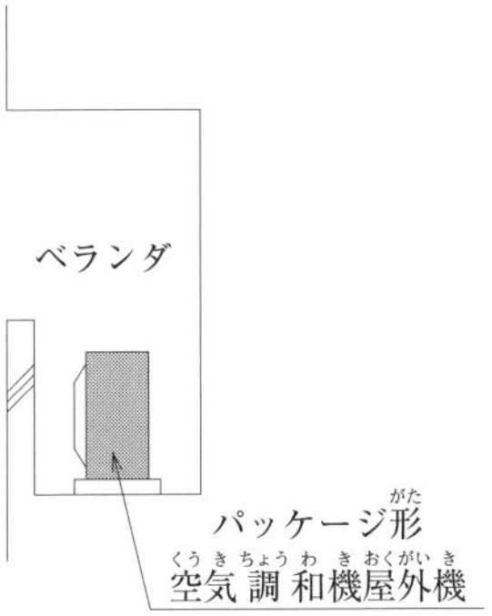

8　中間階便所平面詳細図《ちゅうかんかいべんじょへいめんしょうさいず》

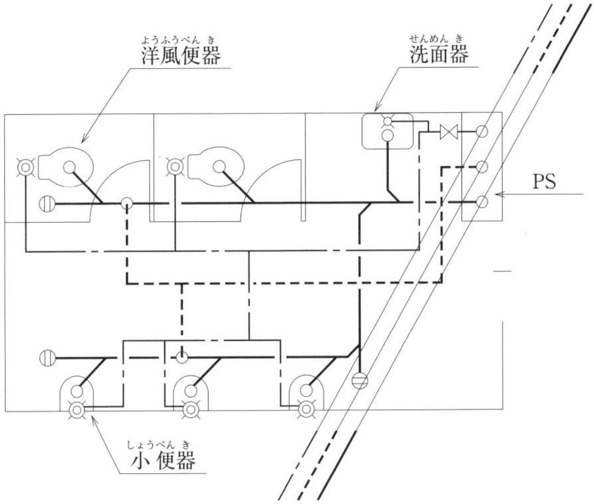

解説▶別冊 p.155 ▶▶▶

問題《もんだい》2と問題《もんだい》3の2問題《もんだい》のうちから1問題《もんだい》を選択《せんたく》し、解答《かいとう》は**解答用紙《かいとうようし》**に記述《きじゅつ》してください。
選択《せんたく》した問題《もんだい》は、解答用紙《かいとうようし》の**選択欄《せんたくらん》に**○**印《じるし》**を記入《きにゅう》してください。

問題 2

換気設備《かんきせつび》のダクトをスパイラルダクト（亜鉛鉄板製《あえんてっぱんせい》、ダクト径《けい》200mm）で施工《せこう》する場合《ばあい》、次《つぎ》の**1～4に関《かん》する留意事項《りゅういじこう》**を、それぞれ解答欄《かいとうらん》の1～4に具体的《ぐたいてき》かつ簡潔《かんけつ》に記述《きじゅつ》しなさい。
ただし、工程管理《こうていかんり》及《およ》び安全管理《あんぜんかんり》に関《かん》する事項《じこう》は除《のぞ》く。

1　スパイラルダクトの接続《せつぞく》を差込接合《さしこみせつごう》とする場合《ばあい》の留意事項《りゅういじこう》
2　スパイラルダクトの吊《つ》り又《また》は支持《しじ》に関《かん》する留意事項《りゅういじこう》
3　スパイラルダクトに風量調節《ふうりょうちょうせつ》ダンパーを取《と》り付《つ》ける場合《ばあい》の留意事項《りゅういじこう》
4　スパイラルダクトが防火区画《ぼうかくかく》を貫通《かんつう》する場合《ばあい》の貫通部処理《かんつうぶしょり》に関《かん》する留意事項《りゅういじこう》
(防火《ぼうか》ダンパーに関《かん》する事項《じこう》は除《のぞ》く。)

問題 3

給水管《きゅうすいかん》（水道用硬質《すいどうようこうしつ》ポリ塩化《えんか》ビニル管《かん》、接着接合《せっちゃくせつごう》）を屋外埋設《おくがいまいせつ》する場合《ばあい》、次《つぎ》の**1～4に関《かん》する留意事項《りゅういじこう》**を、それぞれ解答欄《かいとうらん》の1～4に具体的《ぐたいてき》かつ簡潔《かんけつ》に記述《きじゅつ》しなさい。
ただし、工程管理《こうていかんり》及《およ》び安全管理《あんぜんかんり》に関《かん》する事項《じこう》は除《のぞ》く。

1　管《かん》の埋設深《まいせつふか》さに関《かん》する留意事項《りゅういじこう》
2　排水管《はいすいかん》との離隔《りかく》に関《かん》する留意事項《りゅういじこう》
3　水圧試験《すいあつしけん》に関《かん》する留意事項《りゅういじこう》
4　管《かん》の埋戻《うめもど》しに関《かん》する留意事項《りゅういじこう》

問題《もんだい》４と問題《もんだい》５の２問題《もんだい》のうちから１問題《もんだい》を選択《せんたく》し、解答《かいとう》は**解答用紙《かいとうようし》**
に記述《きじゅつ》してください。
選択《せんたく》した問題《もんだい》は、解答用紙《かいとうようし》の**選択欄《せんたくらん》に**○**印《じるし》**を記入《きにゅう》してください。

問題 4　ある建築物《けんちくぶつ》を新築《しんちく》するにあたり、ユニット形《がた》空気調和機《くうきちょうわき》を設置《せっち》する空気調和設備《くうきちょうわせつび》の作業名《さぎょうめい》、作業日数《さぎょうにっすう》、工事比率《こうじひりつ》が下記《かき》の表及《ひょうおよ》び施工条件《せこうじょうけん》のとき、次《つぎ》の設問《せつもん》１～設問《せつもん》３の答《こた》えを解答欄《かいとうらん》に記述《きじゅつ》しなさい。

作業名《さぎょうめい》	作業日数《さぎょうにっすう》	工事比率《こうじひりつ》
準備《じゅんび》・墨出《すみだ》し	2日《にち》	2%
コンクリート基礎打設《きそだせつ》	1日《にち》	3%
水圧試験《すいあつしけん》	2日《にち》	5%
試運転調整《しうんてんちょうせい》	2日《にち》	5%
保温《ほおん》	3日《にち》	15%
ダクト工事《こうじ》	3日《にち》	18%
空気調和機設置《くうきちょうわきせっち》	2日《にち》	20%
冷温水配管《れいおんすいはいかん》	4日《にち》	32%

(注《ちゅう》)表中《ひょうちゅう》の作業名《さぎょうめい》の記載順序《きさいじゅんじょ》は、作業《さぎょう》の実施順序《じっしじゅんじょ》を示《しめ》すものではありません。

〔施工条件《せこうじょうけん》〕

① 準備《じゅんび》・墨出《すみだ》しの作業《さぎょう》は、工事《こうじ》の初日《しょにち》に開始《かいし》する。

② 各作業《かくさぎょう》は、相互《そうご》に並行作業《へいこうさぎょう》しないものとする。

③ 各作業《かくさぎょう》は、最早《さいそう》で完了《かんりょう》させるものとする。

④ コンクリート基礎打設後《きそだせつご》５日間《にちかん》は、養生《ようじょう》のためすべての作業《さぎょう》に着手《ちゃくしゅ》できないものとする。

⑤ コンクリート基礎《きそ》の養生完了後《ようじょうかんりょうご》は、空気調和機《くうきちょうわき》を設置《せっち》するものとする。

解説▶別冊 p.157 ▶▶▶

⑥　空気調和機《くうきちょうわき》を設置《せっち》した後《あと》は、ダクト工事《こうじ》をその他《た》の作業《さぎょう》より先行《せんこう》して行《おこな》うものとする。

⑦　土曜日《どようび》、日曜日《にちようび》は、現場《げんば》の休日《きゅうじつ》とする。ただし養生期間《ようじょうきかん》は休日《きゅうじつ》を使用《しよう》できるものとする。

〔設問《せつもん》1〕　バーチャート工程表及《こうていひょうおよ》び累積出来高曲線《るいせきできだかきょくせん》を作成《さくせい》し、次《つぎ》の1及《およ》び2に答《こた》えなさい。
ただし、各作業《かくさぎょう》の出来高《できだか》は、作業日数内《さぎょうにっすうない》において均等《きんとう》とする。
(バーチャート工程表及《こうていひょうおよ》び累積出来高曲線《るいせきできだかきょくせん》の作成《さくせい》は、採点対象外《さいてんたいしょうがい》です。)

1　工事全体《こうじぜんたい》の工期《こうき》は何日《なんにち》になるか答《こた》えなさい。

2　①　工事開始後《こうじかいしご》18日《にち》の作業終了時点《さぎょうしゅうりょうじてん》での累積出来高《るいせきできだか》を答《こた》えなさい。
②　その日《ひ》に行《おこな》われた作業《さぎょう》の作業名《さぎょうめい》を答《こた》えなさい。

〔設問《せつもん》2〕　工期短縮《こうきたんしゅく》のため、ダクト工事《こうじ》、冷温水配管及《れいおんすいはいかんおよ》び保温《ほおん》の各作業《かくさぎょう》については、下記《かき》の条件《じょうけん》で作業《さぎょう》を行《おこな》うこととした。バーチャート工程表及《こうていひょうおよ》び累積出来高曲線《るいせきできだかきょくせん》を作成《さくせい》し、次《つぎ》の３及《およ》び４に答《こた》えなさい。
ただし、各作業《かくさぎょう》の出来高《できだか》は、作業日数内《さぎょうにっすうない》において均等《きんとう》とする。
(バーチャート工程表及《こうていひょうおよ》び累積出来高曲線《るいせきできだかきょくせん》の作成《さくせい》は、採点対象外《さいてんたいしょうがい》です。)

(条件《じょうけん》)　①　ダクト工事《こうじ》は1.5倍《ばい》、冷温水配管《れいおんすいはいかん》は2倍《ばい》、保温《ほおん》は1.5倍《ばい》に人《じん》員《いん》を増員《ぞういん》し作業《さぎょう》する。なお、増員《ぞういん》した割合《わりあい》で作業日数《さぎょうにっすう》を短縮《たんしゅく》できるものとする。
②　水圧試験《すいあつしけん》も冷温水配管《れいおんすいはいかん》と同《おな》じ割合《わりあい》で短縮《たんしゅく》できるものとする。

3　工事全体《こうじぜんたい》の工期《こうき》は何日《なんにち》になるか答《こた》えなさい。

4　①　工事開始後《こうじかいしご》18日《にち》の作業終了時点《さぎょうしゅうりょうじてん》での累積出来高《るいせきできだか》を答《こた》えなさい。
②　その日《ひ》に行《おこな》われた作業《さぎょう》の作業名《さぎょうめい》を答《こた》えなさい。

〔設問《せつもん》3〕　累積《るいせき》出来高曲線《できだかきょくせん》が、その形状《けいじょう》から呼《よ》ばれる別《べつ》の名称《めいしょう》を記述《きじゅつ》しなさい。

〔設問《せつもん》1〕　作業用《さぎょうよう》

作業名《さぎょうめい》	工事《こうじ》比率《ひりつ》(%)	月《げつ》	火《か》	水《すい》	木《もく》	金《きん》	土《ど》	日《にち》	月《げつ》	火《か》	水《すい》	木《もく》	金《きん》	土《ど》	日《にち》	月《げつ》	火《か》	水《すい》	木《もく》	金《きん》	土《ど》	日《にち》	月《げつ》	火《か》	水《すい》	木《もく》	金《きん》	土《ど》	日《にち》	月《げつ》	火《か》	水《すい》	累積《るいせき》比率《ひりつ》
		1	2	3	4	5	6	7	8	9	10	11	12	13	14	15	16	17	18	19	20	21	22	23	24	25	26	27	28	29	30	31	
準備《じゅんび》・墨出《すみだ》し																																	100 90
																																	80
																																	70
																																	60
																																	50
																																	40
																																	30
																																	20
																																	10
																																	0

〔設問《せつもん》2〕　作業用《さぎょうよう》

作業名《さぎょうめい》	工事《こうじ》比率《ひりつ》(%)	月《げつ》	火《か》	水《すい》	木《もく》	金《きん》	土《ど》	日《にち》	月《げつ》	火《か》	水《すい》	木《もく》	金《きん》	土《ど》	日《にち》	月《げつ》	火《か》	水《すい》	木《もく》	金《きん》	土《ど》	日《にち》	月《げつ》	火《か》	水《すい》	木《もく》	金《きん》	土《ど》	日《にち》	月《げつ》	火《か》	水《すい》	累積《るいせき》比率《ひりつ》
		1	2	3	4	5	6	7	8	9	10	11	12	13	14	15	16	17	18	19	20	21	22	23	24	25	26	27	28	29	30	31	
準備《じゅんび》・墨出《すみだ》し																																	100 90
																																	80
																																	70
																																	60
																																	50
																																	40
																																	30
																																	20
																																	10
																																	0

解説▶別冊 p.160 ▶▶▶

問題５ 次《つぎ》の設問《せつもん》１及《およ》び設問《せつもん》２の答《こた》えを解答欄《かいとうらん》に記述《きじゅつ》しなさい。

〔設問《せつもん》１〕 クレーン機能付《きのうつ》き油圧《ゆあつ》ショベルの運転業務《うんてんぎょうむ》に関《かん》する文中《ぶんちゅう》、[A]～[D]に当《あ》てはまる「労働安全衛生法《ろうどうあんぜんえいせいほう》」又《また》は「労働《ろうどう》基準法《きじゅんほう》」に**定《さだ》められている語句又《ごくまた》は数値《すうち》**を選択欄《せんたくらん》から選択《せんたく》して解答欄《かいとうらん》に記入《きにゅう》しなさい。

クレーン機能付《きのうつ》き油圧《ゆあつ》ショベルを操作《そうさ》して掘削作業《くっさくさぎょう》を行《おこな》う場合《ばあい》、操作《そうさ》する車両《しゃりょう》の重量《じゅうりょう》（機体重量《きたいじゅうりょう》）が３トン以上《いじょう》の場合《ばあい》は、車両系建設機械《しゃりょうけいけんせつきかい》の運転《うんてん》の業務《ぎょうむ》に係《かか》る[A]を修了《しゅうりょう》した者等《ものとう》の有資格者《ゆうしかくしゃ》が行《おこな》わなければならない。また、クレーン機能《きのう》を利用《りよう》してつり上《あ》げ作業《さぎょう》を行《おこな》う場合《ばあい》は、つり上《あ》げ荷重《かじゅう》に応《おう》じた[B]クレーン運転《うんてん》の有資格者《ゆうしかくしゃ》が車両《しゃりょう》を操作《そうさ》し、つり上《あ》げ作業《さぎょう》に伴《ともな》う玉掛《たまか》けの作業《さぎょう》は、つり上《あ》げ荷重《かじゅう》に応《おう》じた玉掛《たまか》け作業《さぎょう》の有資格者《ゆうしかくしゃ》が行《おこな》わなければならない。
なお、[C]歳未満《さいみまん》の者《もの》をクレーンの運転業務《うんてんぎょうむ》、補助作業《ほじょさぎょう》を除《のぞ》く玉掛《たまか》けの業務及《ぎょうむおよ》び高《たか》さが[D]メートル以上《いじょう》の墜落《ついらく》のおそれがある場所《ばしょ》での業務《ぎょうむ》に就《つ》かせてはならない。

選択欄《せんたくらん》

2、 5、 15、 18、 特別教育《とくべつきょういく》、 技能講習《ぎのうこうしゅう》、 床上操作式《ゆかうえそうさしき》、 移動式《いどうしき》

〔設問《せつもん》２〕 建設工事現場《けんせつこうじげんば》における労働安全衛生《ろうどうあんぜんえいせい》に関《かん》する文中《ぶんちゅう》、[E]に当《あ》てはまる「労働安全衛生法《ろうどうあんぜんえいせいほう》」に**定《さだ》められている数値《すうち》**を解答欄《かいとうらん》に記述《きじゅつ》しなさい。

事業者《じぎょうしゃ》は、足場《あしば》（一側足場及《ひとかわあしばおよ》び吊《つ》り足場《あしば》を除《のぞ》く。）における高《たか》さ２メートル以上《いじょう》の作業場所《さぎょうばしょ》に設《もう》ける作業床《さぎょうゆか》は、幅《はば》[E]センチメートル以上《いじょう》とし、床材間《ゆかざいかん》のすき間《ま》は３センチメートル以下《いか》としなければならない。

問題《もんだい》6は必須問題《ひっすもんだい》です。必《かなら》ず解答《かいとう》してください。解答《かいとう》は**解答用紙《かいとうようし》**に記述《きじゅつ》してください。

令和4年度 第二次検定

問題 6 あなたが経験《けいけん》した**管工事《かんこうじ》**のうちから、**代表的《だいひょうてき》な工事《こうじ》を１つ選《えら》び**、次《つぎ》の設問《せつもん》１～設問《せつもん》３の答《こた》えを解答欄《かいとうらん》に記述《きじゅつ》しなさい。

〔設問《せつもん》1〕その工事《こうじ》につき、次《つぎ》の事項《じこう》について記述《きじゅつ》しなさい。

1　工事名《こうじめい》〔例《れい》：◎◎ビル（◇◇邸《てい》）□□設備工事《せつびこうじ》〕
2　工事場所《こうじばしょ》〔例《れい》：◎◎県《けん》◇◇市《し》〕
3　設備工事概要《せつびこうじがいよう》〔例《れい》：工事種目《こうじしゅもく》、工事内容《こうじないよう》、主要機器《しゅようきき》の能力《のうりょく》・台数《だいすう》等《とう》〕
4　現場《げんば》でのあなたの立場《たちば》又《また》は役割《やくわり》

〔設問《せつもん》2〕上記工事《じょうきこうじ》を施工《せこう》するにあたり「**工程管理《こうていかんり》**」上《じょう》、あなたが**特《とく》に重要《じゅうよう》と考《かんが》えた事項《じこう》**を解答欄《かいとうらん》の（1）に記述《きじゅつ》しなさい。
また、それについて**とった措置《そち》又《また》は対策《たいさく》**を解答欄《かいとうらん》の（2）に簡潔《かんけつ》に記述《きじゅつ》しなさい。

〔設問《せつもん》3〕上記工事《じょうきこうじ》を施工《せこう》するにあたり「**品質管理《ひんしつかんり》**」上《じょう》、あなたが**特《とく》に重要《じゅうよう》と考《かんが》えた事項《じこう》**を解答欄《かいとうらん》の（1）に記述《きじゅつ》しなさい。
また、それについて**とった措置《そち》又《また》は対策《たいさく》**を解答欄《かいとうらん》の（2）に簡潔《かんけつ》に記述《きじゅつ》しなさい。

解説▶別冊 p.165 ▶▶▶

MEMO

2級管工事施工管理技術検定試験

令和3年度

第二次検定

■選択問題《せんたくもんだい》は、指定数《していすう》を超《こ》えて解答《かいとう》した場合《ばあい》、減点《げんてん》となります。

・問題《もんだい》1は必須問題《ひっすもんだい》です。必《かなら》ず解答《かいとう》してください。

・問題《もんだい》2と問題《もんだい》3の2問題《もんだい》のうちから1問題《もんだい》を選択《せんたく》し、解答《かいとう》してください。

・問題《もんだい》4と問題《もんだい》5の2問題《もんだい》のうちから1問題《もんだい》を選択《せんたく》し、解答《かいとう》してください。

・問題《もんだい》6は必須問題《ひっすもんだい》です。必《かなら》ず解答《かいとう》してください。

◆第二次検定結果データ◆

受検者数	8,938人
合格者数	6,054人
合格率	67.7%

合格基準	得点が60%以上

※受検者数は、第一次検定及び第二次検定同日受検者のうち第一次検定合格者と第二次検定のみ試験受検者の実際の受検者の合計、合格率も同様の数値を元に算出(令和3年度より公表される数値が変更)。

別冊p.188～191に解答用紙がありますので，コピーしてお使いください。

令和3年度

2級 管工事施工管理技術検定

第二次検定問題

問題《もんだい》1は必須問題《ひっすもんだい》です。必《かなら》ず解答《かいとう》してください。解答《かいとう》は**解答用紙《かいとうようし》**に記《き》述《じゅつ》してください。

問題 1

次《つぎ》の設問《せつもん》1～設問《せつもん》3の答《こた》えを解答欄《かいとうらん》に記述《きじゅつ》しなさい。

〔設問《せつもん》1〕 次《つぎ》の1～5の記述《きじゅつ》について、**適当《てきとう》な場合《ばあい》には○を、適当《てきとう》でない場合《ばあい》には×**を記入《きにゅう》しなさい。

1 　アンカーボルトは、機器《きき》の据付《すえつ》け後《ご》、ボルト頂部《ちょうぶ》のねじ山《やま》がナットから3山程度《やまていど》出《で》る長《なが》さとする。

2 　硬質《こうしつ》ポリ塩化《えんか》ビニル管《かん》の接着接合《せっちゃくせつごう》では、テーパ形状《けいじょう》の受《う》け口側《ぐちがわ》のみに接着剤《せっちゃくざい》を塗布《とふ》する。

3 　鋼管《こうかん》のねじ加工《かこう》の検査《けんさ》では、テーパねじリングゲージをパイプレンチで締《し》め込《こ》み、ねじ径《けい》を確認《かくにん》する。

4 　ダクト内《ない》を流《なが》れる風量《ふうりょう》が同一《どういつ》の場合《ばあい》、ダクトの断面寸法《だんめんすんぽう》を小《ちい》さくすると、必要《ひつよう》となる送風動力《そうふうどうりょく》は小《ちい》さくなる。

5 　遠心送風機《えんしんそうふうき》の吐出《はきだ》し口《ぐち》の近《ちか》くにダクトの曲《ま》がりを設《もう》ける場合《ばあい》、曲《ま》がり方向《ほうこう》は送風機《そうふうき》の回転方向《かいてんほうこう》と同《おな》じ方向《ほうこう》とする。

〔設問《せつもん》2〕 6～8に示《しめ》す図《ず》について、**適切《てきせつ》でない部分《ぶぶん》の理由又《りゆうまた》は改善策《かいぜんさく》**を記述《きじゅつ》しなさい。

〔設問《せつもん》3〕　9に示《しめ》す図《ず》について、**排水口空間《はいすいこうくうかん》Aの必要最小寸法《ひつようさいしょうすんぽう》**を記述《きじゅつ》しなさい。

6 カセット形《がた》パッケージ形《がた》
空気調和機《くうきちょうわき》
(屋内機《おくないき》) 据付《すえつ》け要領図《ようりょうず》

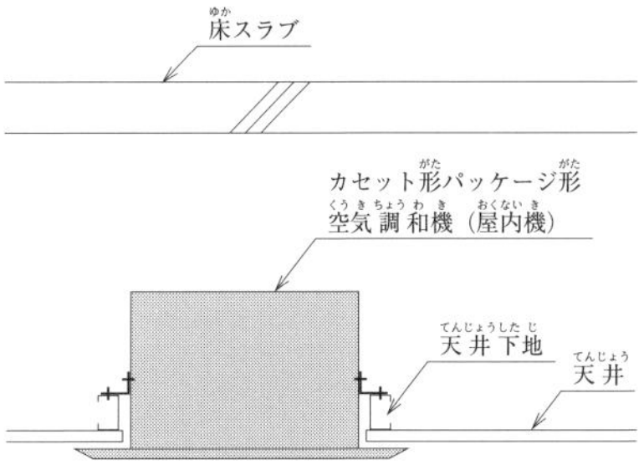

7 通気管末端《つうきかんまったん》の開口位置《かいこういち》
(外壁取付《がいへきとりつ》け)

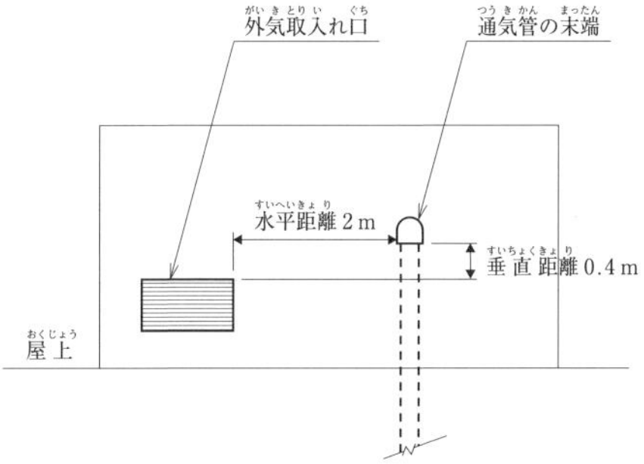

8 フランジ継手《つぎて》のボルトの
締付《しめつ》け順序《じゅんじょ》
(数字《すうじ》は締付《しめつ》け順序《じゅんじょ》を示《しめ》す。)

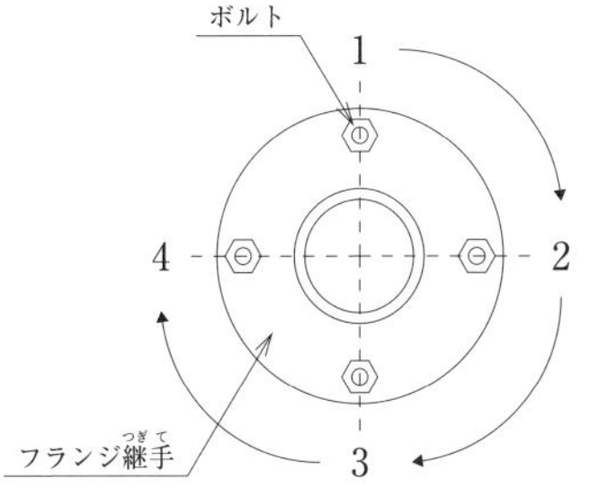

9 飲料用高置《いんりょうようこうち》タンク回《まわ》り配管要領図《はいかんようりょうず》

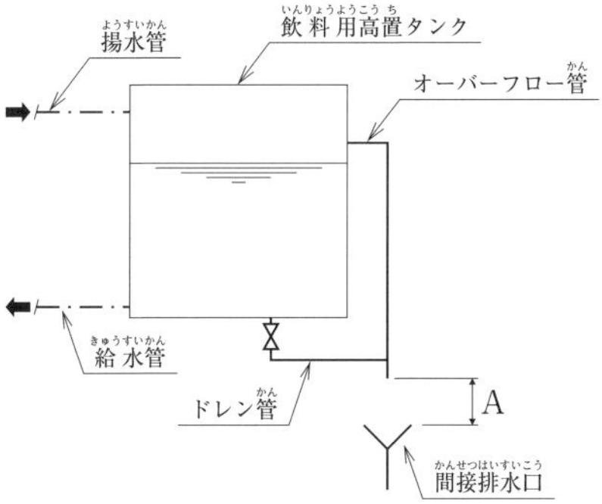

令和3年度 第二次検定

解説▶別冊 p.167 ▶▶▶

問題《もんだい》2と問題《もんだい》3の2問題《もんだい》のうちから1問題《もんだい》を選択《せんたく》し、解答《かいとう》は**解答用紙《かいとうようし》**に記述《きじゅつ》してください。
選択《せんたく》した問題《もんだい》は、解答用紙《かいとうようし》の**選択欄《せんたくらん》に○印《じるし》**を記入《きにゅう》してください。

問題 2

空冷《くうれい》ヒートポンプパッケージ形《がた》空気《くう き》調和機《ちょう わ き》の冷媒管《れいばいかん》（銅管《どうかん》）を施工《せ こう》する場合《ば あい》の留意事項《りゅう い じ こう》を解答欄《かいとうらん》に具体的《ぐ たいてき》かつ簡潔《かんけつ》に記述《き じゅつ》しなさい。

記述《き じゅつ》する留意事項《りゅう い じ こう》は、次《つぎ》の1～4とし、それぞれ解答欄《かいとうらん》の1～4に記述《き じゅつ》する。

ただし、工程管理《こうていかん り》及《およ》び安全管理《あんぜんかん り》に関《かん》する事項《じ こう》は除《のぞ》く。

1 管《かん》の切断《せつだん》又《また》は切断面《せつだんめん》の処理《しょ り》に関《かん》する留意事項《りゅう い じ こう》
2 管《かん》の曲《ま》げ加工《か こう》に関《かん》する留意事項《りゅう い じ こう》
3 管《かん》の差込接合《さしこみせつごう》に関《かん》する留意事項《りゅう い じ こう》
4 管《かん》の気密試験《き みつ し けん》に関《かん》する留意事項《りゅう い じ こう》

問題 3

ガス瞬間《しゅんかん》湯沸器《ゆ わかし き》（屋外壁掛《おくがいかべ か》け形《がた》、24号《ごう》）を住宅《じゅうたく》の外壁《がいへき》に設置《せっ ち》し、浴室《よくしつ》への給湯管《きゅうとうかん》（銅管《どうかん》）を施工《せ こう》する場合《ば あい》の留意事項《りゅう い じ こう》を解答欄《かいとうらん》に具体的《ぐ たいてき》かつ簡潔《かんけつ》に記述《き じゅつ》しなさい。

記述《き じゅつ》する留意事項《りゅう い じ こう》は、次《つぎ》の1～4とし、それぞれ解答欄《かいとうらん》の1～4に記述《き じゅつ》する。

ただし、工程管理《こうていかん り》及《およ》び安全管理《あんぜんかん り》に関《かん》する事項《じ こう》は除《のぞ》く。

1 湯沸器《ゆ わかし き》の配置《はい ち》に関《かん》し、運転《うんてん》又《また》は保守管理《ほ しゅかん り》の観点《かんてん》からの留意事項《りゅう い じ こう》
2 湯沸器《ゆ わかし き》の据付《すえ つ》けに関《かん》する留意事項《りゅう い じ こう》
3 給湯管《きゅうとうかん》の敷設《ふ せつ》に関《かん》する留意事項《りゅう い じ こう》
4 湯沸器《ゆ わかし き》の試運転調整《し うんてんちょうせい》に関《かん》する留意事項《りゅう い じ こう》

問題《もんだい》４と問題《もんだい》５の２問題《もんだい》のうちから１問題《もんだい》を選択《せんたく》し、解答《かいとう》は**解答用紙《かいとうようし》**に記述《きじゅつ》してください。
選択《せんたく》した問題《もんだい》は、解答用紙《かいとうようし》の**選択欄《せんたくらん》に**○**印《じるし》**を記入《きにゅう》してください。

問題 4　２階建《かいだ》て事務所《じむしょ》ビルの新築工事《しんちくこうじ》において、空気調和設備工事《くうきちょうわせつびこうじ》の作業《さぎょう》が下記《かき》の表及《ひょうおよ》び施工条件《せこうじょうけん》のとき、次《つぎ》の設問《せつもん》１及《およ》び設問《せつもん》２の答《こた》えを解答欄《かいとうらん》に記述《きじゅつ》しなさい。

	１階部分《かいぶぶん》		２階部分《かいぶぶん》	
作業名《さぎょうめい》	作業日数《さぎょうにっすう》	工事比率《こうじひりつ》	作業日数《さぎょうにっすう》	工事比率《こうじひりつ》
準備《じゅんび》・墨出《すみだ》し	1 日《にち》	2 %	1 日《にち》	2 %
配管《はいかん》	6《むい》 日《か》	24 %	6《むい》 日《か》	24 %
機器設置《ききせっち》	2《ふつ》 日《か》	6 %	2《ふつ》 日《か》	6 %
保温《ほおん》	4《よっ》 日《か》	10 %	4《よっ》 日《か》	10 %
水圧試験《すいあつしけん》	2《ふつ》 日《か》	2 %	2《ふつ》 日《か》	2 %
試運転調整《しうんてんちょうせい》	2《ふつ》 日《か》	6 %	2《ふつ》 日《か》	6 %

(注《ちゅう》) 表中《ひょうちゅう》の作業名《さぎょうめい》の記載順序《きさいじゅんじょ》は、作業《さぎょう》の実施順序《じっしじゅんじょ》を示《しめ》すものではありません。

〔施工条件《せこうじょうけん》〕

① １階部分《かいぶぶん》の準備《じゅんび》・墨出《すみだ》しの作業《さぎょう》は、工事《こうじ》の初日《しょにち》に開始《かいし》する。
② 機器設置《ききせっち》の作業《さぎょう》は、配管《はいかん》の作業《さぎょう》に先行《せんこう》して行《おこな》うものとする。
③ 各作業《かくさぎょう》は、同一《どういつ》の階部分《かいぶぶん》では、相互《そうご》に並行作業《へいこうさぎょう》しないものとする。
④ 同一《どういつ》の作業《さぎょう》は、１階部分《かいぶぶん》の作業《さぎょう》が完了後《かんりょうご》、２階部分《かいぶぶん》の作業《さぎょう》に着手《ちゃくしゅ》するものとする。
⑤ 各作業《かくさぎょう》は、最早《さいそう》で完了《かんりょう》させるものとする。
⑥ 土曜日《どようび》、日曜日《にちようび》は、現場《げんば》での作業《さぎょう》を行《おこな》わないものとする。

解説▶別冊 p.169 ▶▶▶

〔設問《せつもん》1〕 バーチャート工程表及《こうていひょうおよ》び累積出来高曲線《るいせきできだかきょくせん》を作成《さくせい》し、次《つぎ》の1～3に答《こた》えなさい。

ただし、各作業《かくさぎょう》の出来高《できだか》は、作業日数内《さぎょうにっすうない》において均等《きんとう》とする。

（バーチャート工程表及《こうていひょうおよ》び累積出来高曲線《るいせきできだかきょくせん》の作成《さくせい》は、採点対象《さいてんたいしょう》外《がい》です。）

1 工事全体《こうじぜんたい》の工期《こうき》は、何日《なんにち》になるか答《こた》えなさい。

2 ①累積出来高《るいせきできだか》が70％を超《こ》えるのは工事開始後何日目《こうじかいしごなんにちめ》になるか答《こた》えなさい。

②その日《ひ》に1階《かい》で行《おこな》われている作業《さぎょう》の作業名《さぎょうめい》を答《こた》えなさい。

③その日《ひ》に2階《かい》で行《おこな》われている作業《さぎょう》の作業名《さぎょうめい》を答《こた》えなさい。

3 タクト工程表《こうていひょう》はどのような作業《さぎょう》に適《てき》しているか簡潔《かんけつ》に記述《きじゅつ》しなさい。

〔設問《せつもん》2〕 工期短縮《こうきたんしゅく》のため、機器設置《ききせっち》、配管及《はいかんおよ》び保温《ほおん》の各作業《かくさぎょう》については、1階部分《かいぶぶん》と2階部分《かいぶぶん》を別《べつ》の班《はん》に分《わ》け、下記《かき》の条件《じょうけん》で並行作業《へいこうさぎょう》を行《おこな》うこととした。バーチャート工程表《こうていひょう》を作成《さくせい》し、次《つぎ》の4及《およ》び5に答《こた》えなさい。

（バーチャート工程表《こうていひょう》の作成《さくせい》は、採点対象外《さいてんたいしょうがい》です。）

（条件《じょうけん》） ①機器設置《ききせっち》、配管及《はいかんおよ》び保温《ほおん》の各作業《かくさぎょう》は、1階部分《かいぶぶん》の作業《さぎょう》と2階部分《かいぶぶん》の作業《さぎょう》を同《おな》じ日《ひ》に並行作業《へいこうさぎょう》することができる。各階部分《かくかいぶぶん》の作業日数《さぎょうにっすう》は、当初《とうしょ》の作業日数《さぎょうにっすう》から変更《へんこう》がないものとする。

②水圧試験《すいあつしけん》は、1階部分《かいぶぶん》と2階部分《かいぶぶん》を同《おな》じ日《ひ》に同時《どうじ》に試験《しけん》する。各階部分《かくかいぶぶん》の作業日数《さぎょうにっすう》は、当初《とうしょ》の作業日数《さぎょうにっすう》から変更《へんこう》がないものとする。

③①及《およ》び②以外《いがい》は、当初《とうしょ》の施工条件《せこうじょうけん》から変更《へんこう》がないものとする。

4 工事全体《こうじぜんたい》の工期《こうき》は、何日《なんにち》になるか答《こた》えなさい。

5　②の条件《じょうけん》を変更《へんこう》して、水圧試験《すいあつしけん》も1階部分《かいぶぶん》と2階部分《かいぶぶん》を別《べつ》の班《はん》に分《わ》け、1階部分《かいぶぶん》と2階部分《かいぶぶん》を別《べつ》の日《ひ》に試験《しけん》することができることとし、また、並行作業《へいこうさぎょう》とすることも可能《かのう》とした場合《ばあい》、工事全体《こうじぜんたい》の工期《こうき》は、②の条件《じょうけん》を変更《へんこう》しない場合《ばあい》に比《くら》べて、何日短縮《なんにちたんしゅく》できるか答《こた》えなさい。水圧試験《すいあつしけん》の各階部分《かくかいぶぶん》の作業日数《さぎょうにっすう》は、当初《とうしょ》の作業日数《さぎょうにっすう》から変更《へんこう》がないものとする。

〔設問《せつもん》1〕　作業用《さぎょうよう》

種《しゅ》別《べつ》	作業名《さぎょうめい》	工事《こうじ》比率《ひりつ》(%)	月《げつ》 1	火《か》 2	水《すい》 3	木《もく》 4	金《きん》 5	土《ど》 6	日《にち》 7	月《げつ》 8	火《か》 9	水《すい》 10	木《もく》 11	金《きん》 12	土《ど》 13	日《にち》 14	月《げつ》 15	火《か》 16	水《すい》 17	木《もく》 18	金《きん》 19	土《ど》 20	日《にち》 21	月《げつ》 22	火《か》 23	水《すい》 24	木《もく》 25	金《きん》 26	土《ど》 27	日《にち》 28	月《げつ》 29	火《か》 30	水《すい》 31	累積《るいせき》比率《ひりつ》
1 階《かい》	準備《じゅんび》・墨出《すみだ》し																																	100 90
																																		80
																																		70
																																		60
																																		50
																																		40
2 階《かい》	準備《じゅんび》・墨出《すみだ》し																																	30
																																		20
																																		10
																																		0

タクト工程表《こうていひょう》

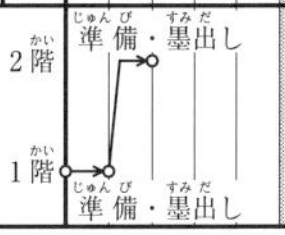

〔設問2〕作業用は次ページにあります。

解説▶別冊 p.171 ▶▶▶

〔設問《せつもん》2〕　作業用《さぎょうよう》

種《しゅ》別《べつ》	作業名《さぎょうめい》	工事《こうじ》比率《ひりつ》(%)	月《げつ》	火《か》	水《すい》	木《もく》	金《きん》	土《ど》	日《にち》	月《げつ》	火《か》	水《すい》	木《もく》	金《きん》	土《ど》	日《にち》	月《げつ》	火《か》	水《すい》	木《もく》	金《きん》	土《ど》	日《にち》	月《げつ》	火《か》	水《すい》	木《もく》	金《きん》	土《ど》	日《にち》	月《げつ》	火《か》	水《すい》	累積《るいせき》比率《ひりつ》
			1	2	3	4	5	6	7	8	9	10	11	12	13	14	15	16	17	18	19	20	21	22	23	24	25	26	27	28	29	30	31	
																																		100 90
																																		80
1 階《かい》																																		70
																																		60
																																		50
																																		40
																																		30
																																		20
2 階《かい》																																		10
																																		0

問題 5

次《つぎ》の設問《せつもん》1及《およ》び設問《せつもん》2の答《こた》えを解答欄《かいとうらん》に記述《きじゅつ》しなさい。

〔設問《せつもん》1〕　建設業《けんせつぎょう》における労働安全衛生《ろうどうあんぜんえいせい》に関《かん》する文中《ぶんちゅう》、[A]～[C]に当《あ》てはまる「労働安全衛生法《ろうどうあんぜんえいせいほう》」に**定《さだ》められている語《ご》句又《くまた》は数値《すうち》**を選択欄《せんたくらん》から選択《せんたく》して解答欄《かいとうらん》に記入《きにゅう》しなさい。

1　安全衛生推進者《あんぜんえいせいすいしんしゃ》の選任《せんにん》は、[A]の登録《とうろく》を受《う》けた者《もの》が行《おこな》う講習《こうしゅう》を修《しゅう》了《りょう》した者《もの》その他法《たほう》に定《さだ》める業務《ぎょうむ》を担当《たんとう》するため必要《ひつよう》な能力《のうりょく》を有《ゆう》すると認《みと》められる者《もの》のうちから、安全衛生推進者《あんぜんえいせいすいしんしゃ》を選任《せんにん》すべき事由《じゆう》が発生《はっせい》した日《ひ》から[B]日以内《かいない》に行《おこな》わなければならない。

2　事業者《じぎょうしゃ》は、新《あら》たに職務《しょくむ》につくこととなった[C]その他《た》の作業中《さぎょうちゅう》の労働者《ろうどうしゃ》を直接指導又《ちょくせつしどうまた》は監督《かんとく》する者《もの》に対《たい》し、作業方法《さぎょうほうほう》の決定及《けっていおよ》び労働《ろうどう》者《しゃ》の配置《はいち》に関《かん》すること、労働者《ろうどうしゃ》に対《たい》する指導又《しどうまた》は監督《かんとく》の方法《ほうほう》に関《かん》すること等《とう》について、安全又《あんぜんまた》は衛生《えいせい》のための教育《きょういく》を行《おこな》わなければならない。

選択欄《せんたくらん》

厚生労働大臣《こうせいろうどうだいじん》、　都道府県労働局長《とどうふけんろうどうきょくちょう》、　7、　14、　職長《しょくちょう》、　作業主任者《さぎょうしゅにんしゃ》

〔設問《せつもん》2〕　墜落等《ついらくとう》による危険《きけん》の防止《ぼうし》に関《かん》する文中《ぶんちゅう》、[D]及《およ》び[E]に当《あ》てはまる「労働安全衛生法《ろうどうあんぜんえいせいほう》」に**定《さだ》められている数値《すうち》**を解答欄《かいとうらん》に記述《きじゅつ》しなさい。

3　事業者《じぎょうしゃ》は、高《たか》さが[D]メートル以上《いじょう》の作業床《さぎょうゆか》の端《はし》、開口部等《かいこうぶとう》で墜落《ついらく》により労働者《ろうどうしゃ》に危険《きけん》を及《およ》ぼすおそれのある箇所《かしょ》には、囲《かこ》い、手《て》すり、覆《おお》い等《とう》を設《もう》けなければならない。

4　高《たか》さ又《また》は深《ふか》さが[E]メートルをこえる箇所《かしょ》の作業《さぎょう》に従事《じゅうじ》する労《ろう》働者《どうしゃ》は、安全《あんぜん》に昇降《しょうこう》するための設備等《せつびとう》が設《もう》けられたときは、当該設備《とうがいせつび》等《とう》を使用《しよう》しなければならない。

解説▶別冊 p.174 ▶▶▶

問題《もんだい》6は必須《ひっす》問題《もんだい》です。必《かなら》ず解答《かいとう》してください。解答《かいとう》は**解答用紙《かいとうようし》**に記《き》述《じゅつ》してください。

問題 6 あなたが経験《けいけん》した**管工事《かんこうじ》**のうちから、**代表的《だいひょうてき》な工事《こうじ》を１つ選《えら》び、**次《つぎ》の設問《せつもん》１～設問《せつもん》３の答《こた》えを解答欄《かいとうらん》に記述《きじゅつ》しなさい。

〔設問《せつもん》1〕その工事《こうじ》につき、次《つぎ》の事項《じこう》について記述《きじゅつ》しなさい。

1 工事名《こうじめい》〔例《れい》：◎◎ビル（◇◇邸《てい》）□□設備工事《せつびこうじ》〕
2 工事場所《こうじばしょ》〔例《れい》：◎◎県《けん》◇◇市《し》〕
3 設備工事概要《せつびこうじがいよう》〔例《れい》：工事種目《こうじしゅもく》、工事内容《こうじないよう》、主要機器《しゅようきき》の能力《のうりょく》・台数《だいすう》等《とう》〕
4 現場《げんば》でのあなたの立場《たちば》又《また》は役割《やくわり》

〔設問《せつもん》2〕 上記工事《じょうきこうじ》を施工《せこう》するにあたり「**工程管理《こうていかんり》**」上《じょう》、あなたが**特《とく》に重《じゅう》要《よう》と考《かんが》えた事項《じこう》**を解答欄《かいとうらん》の（1）に記述《きじゅつ》しなさい。
また、それについて**とった措置《そち》又《また》は対策《たいさく》**を解答欄《かいとうらん》の（2）に簡《かん》潔《けつ》に記述《きじゅつ》しなさい。

〔設問《せつもん》3〕 上記工事《じょうきこうじ》を施工《せこう》するにあたり「**安全管理《あんぜんかんり》**」上《じょう》、あなたが**特《とく》に重《じゅう》要《よう》と考《かんが》えた事項《じこう》**を解答欄《かいとうらん》の（1）に記述《きじゅつ》しなさい。
また、それについて**とった措置《そち》又《また》は対策《たいさく》**を解答欄《かいとうらん》の（2）に簡《かん》潔《けつ》に記述《きじゅつ》しなさい。

第一次検定　正答一覧

令和５年度　後期　第一次検定			
No.1	4	No.31	2
No.2	3	No.32	1
No.3	1	No.33	2
No.4	2	No.34	1
No.5	4	No.35	2
No.6	1	No.36	4
No.7	4	No.37	3
No.8	3	No.38	3
No.9	1	No.39	3
No.10	4	No.40	2
No.11	2	No.41	1
No.12	3	No.42	2
No.13	1	No.43	2
No.14	3	No.44	3
No.15	1	No.45	4
No.16	4	No.46	3
No.17	1	No.47	4
No.18	3	No.48	1
No.19	1	No.49	1, 2
No.20	4	No.50	3, 4
No.21	2	No.51	1, 3
No.22	3	No.52	2, 4
No.23	3		
No.24	4		
No.25	4		
No.26	1		
No.27	2		
No.28	2		
No.29	4		
No.30	2		

●合格基準：解答した 40 問のうち, 24 問以上の正解で合格（40 問は全 52 問のうち, 必須及び選択問題を合わせた総解答数）

令和５年度　前期　第一次検定			
No.1	3	No.31	3
No.2	1	No.32	3
No.3	4	No.33	1
No.4	2	No.34	3
No.5	1	No.35	4
No.6	1	No.36	4
No.7	3	No.37	3
No.8	1	No.38	1
No.9	2	No.39	4
No.10	3	No.40	2
No.11	2	No.41	4
No.12	2	No.42	1
No.13	3	No.43	2
No.14	4	No.44	2
No.15	3	No.45	1
No.16	1	No.46	4
No.17	2	No.47	3
No.18	1	No.48	1
No.19	3	No.49	2, 3
No.20	2	No.50	1, 4
No.21	1	No.51	3, 4
No.22	2	No.52	1, 2
No.23	4		
No.24	4		
No.25	2		
No.26	4		
No.27	4		
No.28	3		
No.29	2		
No.30	4		

●合格基準：解答した 40 問のうち, 24 問以上の正解で合格（40 問は全 52 問のうち, 必須及び選択問題を合わせた総解答数）

第一次検定　正答一覧

令和４年度　後期　第一次検定			
No.1	2	No.31	2
No.2	1	No.32	3
No.3	3	No.33	4
No.4	2	No.34	1
No.5	4	No.35	3
No.6	1	No.36	1
No.7	2	No.37	3
No.8	3	No.38	1
No.9	4	No.39	4
No.10	4	No.40	4
No.11	2	No.41	2
No.12	4	No.42	2
No.13	1	No.43	4
No.14	3	No.44	1
No.15	2	No.45	3
No.16	3	No.46	3
No.17	2	No.47	4
No.18	4	No.48	1
No.19	2	No.49	1, 3
No.20	4	No.50	2, 4
No.21	1	No.51	1, 4
No.22	3	No.52	2, 3
No.23	1		
No.24	3		
No.25	1		
No.26	4		
No.27	1		
No.28	2		
No.29	3		
No.30	2		

●合格基準：解答した 40 問のうち，24 問以上の正解で合格（40 問は全 52 問のうち，必須及び選択問題を合わせた総解答数）

令和４年度　前期　第一次検定			
No.1	4	No.31	4
No.2	3	No.32	3
No.3	4	No.33	1
No.4	2	No.34	3
No.5	3	No.35	2
No.6	1	No.36	3
No.7	2	No.37	4
No.8	4	No.38	1
No.9	1	No.39	4
No.10	3	No.40	4
No.11	4	No.41	3
No.12	2	No.42	2
No.13	1	No.43	1
No.14	3	No.44	2
No.15	1	No.45	1
No.16	4	No.46	1
No.17	3	No.47	3
No.18	1	No.48	2
No.19	4	No.49	2, 4
No.20	1	No.50	3, 4
No.21	2	No.51	1, 2
No.22	2	No.52	1, 3
No.23	3		
No.24	4		
No.25	2		
No.26	1		
No.27	3		
No.28	2		
No.29	2		
No.30	4		

●合格基準：解答した 40 問のうち，24 問以上の正解で合格（40 問は全 52 問のうち，必須及び選択問題を合わせた総解答数）

第一次検定　正答一覧

令和３年度　後期　第一次検定			
No.1	1	No.31	2
No.2	4	No.32	1
No.3	2	No.33	3
No.4	3	No.34	1
No.5	4	No.35	2
No.6	4	No.36	3
No.7	1	No.37	1
No.8	3	No.38	2
No.9	1	No.39	3
No.10	3	No.40	1
No.11	2	No.41	2
No.12	3	No.42	4
No.13	2	No.43	2
No.14	4	No.44	3
No.15	1	No.45	3
No.16	1	No.46	2
No.17	4	No.47	4
No.18	4	No.48	2
No.19	1	No.49	2, 3
No.20	4	No.50	1, 4
No.21	2	No.51	3, 4
No.22	2	No.52	1, 2
No.23	3		
No.24	4		
No.25	4		
No.26	3		
No.27	1		
No.28	3		
No.29	1		
No.30	4		

●合格基準：解答した 40 問のうち，24 問以上の正解で合格（40 問は全 52 問のうち，必須及び選択問題を合わせた総解答数）

令和３年度　前期　第一次検定			
No.1	1	No.31	1
No.2	2	No.32	4
No.3	4	No.33	2
No.4	3	No.34	2
No.5	3	No.35	2
No.6	4	No.36	1
No.7	1	No.37	4
No.8	3	No.38	2
No.9	2	No.39	1
No.10	1	No.40	3
No.11	3	No.41	1
No.12	2	No.42	4
No.13	3	No.43	2
No.14	1	No.44	2
No.15	2	No.45	3
No.16	3	No.46	4
No.17	4	No.47	1
No.18	1	No.48	1
No.19	2	No.49	1, 3
No.20	3	No.50	2, 3
No.21	4	No.51	2, 4
No.22	2	No.52	1, 4
No.23	3		
No.24	3, 4		
No.25	1		
No.26	4		
No.27	4		
No.28	3		
No.29	3		
No.30	4		

●合格基準：解答した 40 問のうち，24 問以上の正解で合格（40 問は全 52 問のうち，必須及び選択問題を合わせた総解答数）

本書の正誤情報等は、下記のアドレスでご確認ください。
http://www.s-henshu.info/2kkskm2401/

上記掲載以外の箇所で正誤についてお気づきの場合は、**書名**・**発行日**・**質問事項**（**該当ページ**・**行数**・**問題番号**などと**誤りだと思う理由**）・**氏名**・**連絡先**を明記のうえ、お問い合わせください。

・Web からのお問い合わせ：上記アドレス内【正誤情報】へ
・郵便または FAX でのお問い合わせ：下記住所または FAX 番号へ

※電話でのお問い合わせはお受けできません。

［宛先］コンデックス情報研究所
「詳解　2級管工事施工管理技術検定過去 6 回問題集'24年版」係
住　　所：〒 359 － 0042　所沢市並木３－１－９
FAX 番号：04 － 2995 － 4362
（10:00 ～ 17:00　土日祝日を除く）

本書の正誤以外に関するご質問にはお答えいたしかねます。また、受検指導などは行っておりません。
※ご質問の受付期限は、2024 年 6 月と 11 月の各試験日の 10 日前必着といたします。
※回答日時の指定はできません。また、ご質問の内容によっては回答まで 10 日前後お時間をいただく場合があります。
あらかじめご了承ください。

編著：コンデックス情報研究所
1990 年６月設立。法律・福祉・技術・教育分野において、書籍の企画・執筆・編集、大学および通信教育機関との共同教材開発を行っている研究者・実務家・編集者のグループ。

詳解 2級管工事施工管理技術検定過去6回問題集 '24年版

2024年３月20日発行

編　著　コンデックス情《じょう》報《ほう》研《けん》究《きゅう》所《しょ》
発行者　深見公子
発行所　成美堂出版
〒162-8445　東京都新宿区新小川町1-7
電話(03)5206-8151　FAX(03)5206-8159
印　刷　大盛印刷株式会社

ISBN978-4-415-23817-3
落丁･乱丁などの不良本はお取り替えします
定価はカバーに表示してあります